U0382195

　　本书为江苏省社科基金青年项目"苏南工业集聚区生态文明建设研究"（项目批准号：13SHC015）的最终成果；国家社科基金一般项目"苏南—苏北产业转承中的环境污染转移机制、测度与矫正制度设计研究"（项目批准号：15BJY061）的阶段性成果

智库中社 金陵智库丛书

产业转型的地方实践

——苏南工业园区的生态文明建设

任克强 等◎著

中国社会科学出版社

图书在版编目（CIP）数据

产业转型的地方实践：苏南工业园区的生态文明建设／任克强等著．
—北京：中国社会科学出版社，2017.11
（金陵智库丛书）
ISBN 978 - 7 - 5203 - 1194 - 6

I.①产… II.①任… III.①工业园区—生态环境建设—研究—苏州
IV.①X321.253.3

中国版本图书馆 CIP 数据核字（2017）第 248265 号

出 版 人	赵剑英	
责任编辑	王 茵 孙 萍	
责任校对	胡新芳	
责任印制	王 超	

出 版	中国社会科学出版社	
社 址	北京鼓楼西大街甲 158 号	
邮 编	100720	
网 址	http://www.csspw.cn	
发 行 部	010 - 84083685	
门 市 部	010 - 84029450	
经 销	新华书店及其他书店	

印 刷	北京君升印刷有限公司	
装 订	廊坊市广阳区广增装订厂	
版 次	2017 年 11 月第 1 版	
印 次	2017 年 11 月第 1 次印刷	

开 本	710×1000 1/16	
印 张	13.5	
插 页	2	
字 数	208 千字	
定 价	58.00 元	

金陵智库丛书编委会

主　编　叶南客

副主编　石　奎　张石平　张佳利

编　委　邓　攀　朱未易　黄　南
　　　　谭志云　周蜀秦

总　序

　　加强智库建设、提升智库的决策服务能力，在当今世界已经成为国家治理体系的重要组成部分。十八届三中全会通过的《中共中央关于全面深化改革若干重大问题的决定》明确强调，要"加强中国特色新型智库建设，建立健全决策咨询制度"。2015 年，中共中央办公厅、国务院办公厅据此印发了《关于加强中国特色新型智库建设的意见》。2016 年，习近平总书记在哲学社会科学工作座谈会上的重要讲话，鲜明地提出了"加快构建中国特色哲学社会科学"这一战略任务，为当前和今后一个时期我国哲学社会科学的发展指明了方向。2017 年，在党和国家事业发生历史性变革之际，习近平总书记在党的十九大报告中深刻阐述了新时代坚持和发展中国特色社会主义的一系列重大理论和实践问题，提出了未来一个时期党和国家事业发展的大政方针和行动纲领，进一步统一了全党思想，吹响了决胜全面建成小康社会、夺取新时代中国特色社会主义伟大胜利、实现中华民族伟大复兴中国梦的号角！在这一关键阶段，充分发挥新型智库的功能，服务科学决策，破解发展难题，提升城市与区域治理体系与治理能力的现代化，对促进地方经济社会的转型发展、创新发展与可持续发展，加快全面建成小康社会，实现中华民族伟大复兴的中国梦，具有重要的战略价值导向作用。

　　南京是中国东部地区重要中心城市、特大城市，在我国区域发展格局中具有重要的战略地位，其现代化国际性人文绿都的定位已经被广为知晓、深入人心，近年来在科教名城、软件名城、文化名城以及幸福都市的建设等方面，居于国内同类城市的前列。在全力推进全面深化改革的新阶段，南京又站在经济社会转型发展和加速现代化的新的制高点上，围绕江苏"两聚一高"和本市"两高两强"新目标要求，加快建设"强富美高"新南京。如何在"五位一体"的总布局下，落实全面深化改革的各项举措，聚力创新加快转型，亟需新型智库立足时代的前沿，提供战略的指点与富有成效的实践引导，对一些发展难题提出具体的政策建议和咨询意见。

值得称道的是，在国内社科系统和地方智库一直具有重要影响力的南京市社会科学院及其主导的江苏省级重点培育智库——创新型城市研究院，近年来围绕南京及国内同类城市在转型发展、创新驱动、产业升级、社会管理、文化治理等一系列重大问题、前沿问题，进行富有前瞻性的、系统的研究，不仅彰显了资政服务的主导功能，成为市委、市政府以及相关部门的重要智库，同时建立起了在省内和全国具备话语权的研究中心、学术平台，形成了多个系列的研究丛书、蓝皮书和高层论坛品牌，在探索新型智库、打造一流学术品牌、城市文化名片方面，取得了令人瞩目的成绩，走出了地方智库开拓创新、深化发展的新路径。自2014 年以来打造的《金陵智库丛书》，则是南京市社会科学院、创新型城市研究院的专家们近年资政服务与学术研究成果的集成，不仅对南京的城市转型以及经济、社会、文化和生态等多个方面进行了深入、系统的研究，提出了一系列富有建设性的对策建议，而且能立足南京、江苏和长三角，从国家与区域发展的战略层面破解了城市发展阶段性的一些共同性难题，实践与理论的指导价值兼具，值得在全国范围内进行推介。

《金陵智库丛书》围绕南京城市与区域发展的新挑战与新机遇，深入探讨创新驱动下的当代城市转型发展的路径与对策，相信对推动南京的全面深化改革，提升南京首位度，发挥南京在扬子江城市群发展中的带头作用，具有一定的战略引导与实践导向作用。一个城市的哲学社会科学发展水平和学术地位是衡量这座城市综合竞争力的代表性指标，是城市软实力的重要组成部分。要做好南京的社会科学工作，打造学术研究高地，必须始终坚持正确的政治方向和学术导向，必须始终坚持高远的发展目标，必须始终坚持面向社会、面向实践、面向城市开展研究，必须始终坚持特色发展打造优势学科，必须始终坚持高端人才培养优先的战略，必须始终坚持全社会联动增强社科队伍凝聚力和组织性。我们南京社科系统的专家学者，要以服务中心工作为使命，在资政服务、学术研究等方面，具有更强的使命感、更大的担当精神，敢于思考、勇于创新，善于破解发展中的难题，多出精品，多创品牌，为建设高质量、高水平的新型地方智库，为建设社科强市做出新的更大的贡献。

叶南客

（作者系江苏省社科联副主席、南京市社会科学院院长、

创新型城市研究院首席专家）

目　录

第一章

导　论

自改革开放以来，中国经济保持了 30 多年的高速增长。从 1979 年改革开放初期全年 6175 亿元的全国工农业生产总值，到 2016 年初步核算全年国内生产总值达 744127 亿，中国创造了举世瞩目的"经济奇迹"。值得一提的是，中国继 2007 年超过德国成为世界第三大经济体之后，到 2010 年又以 397983 亿元的全年国内生产总值超越了日本，一跃成为仅次于美国的世界第二大经济体。与国内生产总值的快速增长一致，城乡人民的生活水平也在稳步提升。根据国家统计局年度公报显示，1981 年改革开放初期，全国职工平均工资 772 元，农民年均收入 223 元，到 2016 年全国居民人均可支配收入已经达到 23821 元，其中城镇居民人均可支配收入 33616 元，农村居民人均可支配收入 12363 元[①]，城乡居民的收入水平也经历了长足增长。但是，在收获国内生产总值高歌猛进、居民生活消费水平逐步提高的巨大成绩的同时，我们不得不注意到中国经济增长方式的潜在弊端，尤其是关注到这种增长方式对生态环境造成的巨大压力。

改革开放 30 多年来，中国经济的高速增长主要建立在"以高资源消耗、高污染排放和低效率产出的粗放型经济发展方式"的基础上[②]。这种粗放的经济增长方式，使中国经济的单位 GDP 能耗居高不下，甚至出现了能源与资源消耗超过经济增长速度的局面。这不仅影响了中国

[①]　中华人民共和国国家统计局：《全国年度统计公报》，2017 年 5 月 14 日（http：// www.stats.gov.cn/tjsj/tjgb/ndtjgb/index_ 1.html）。

[②]　陈诗一、刘兰翠、寇宗来、张军：《美丽中国：从概念到行动》，科学出版社 2014 年版，第 1 页。

的经济质量，而且制约了中国经济的可持续发展，更紧迫的是，"我国的资源环境开始呈现出严重问题，生态破坏、环境污染造成了巨大的经济损失，危害了公众的健康，也影响到了社会稳定"①。因此，在取得经济上举世瞩目的"中国奇迹"的同时，当前我国经济的发展也遇到西方发达国家在工业化进程中曾经遭遇过的生态难题。总的来说，"目前我国的发展面临资源约束趋紧、环境污染严重、生态系统退化的严峻形势。作为仍处在工业化进程中的发展中国家，如何在经济发展与生态环境保护之间找到平衡，从而实现双赢，是亟须破解的难题"②。

为破解"在经济发展与生态环境之间找到平衡从而实现双赢"的难题，党和国家出台了一系列旨在推进"产业转型升级"与"生态文明建设"的重大决策部署。中共十六大将"可持续发展能力不断增强，生态环境得到改善，资源利用效率显著提高，促进人与自然的和谐"③列为全面建设小康社会的四大目标之一。中共十七大首次将"生态文明"写入了党的报告，提出要"建设生态文明，基本形成节约能源资源和保护生态环境的产业结构、增长方式、消费模式。要使生态文明观念在全社会牢固树立……要加快转变经济发展方式，推动产业结构优化升级"④。中共十八大提出"要把生态文明建设放在突出地位，融入经济建设、政治建设、文化建设、社会建设各方面和全过程，努力建设美丽中国，实现中华民族的永续发展"。2015 年 3 月 24 日，中共中央审议通过了《关于加快推进生态文明建设的意见》，在重申十八大关于"要把生态文明建设融入经济、政治、文化、社会建设各方面和全过程"总体部署的同时，首次提出"协同推进新型工业化、城镇化、信息化、农业现代化和绿色化"⑤的战略任务。

党和国家为了"从根本上缓解经济发展与资源环境的矛盾"，要求"必须构建科技含量高、资源消耗低、环境污染少的产业结构，加快推

① 卢艳玲：《生态文明建构的当代视野：从技术理性到生态理性》，博士学位论文，中共中央党校，2010 年。

② 李克强：《全面建成小康社会新的目标要求》，《人民日报》2015 年 11 月 6 日 03 版。

③ 中共中央文献研究室：《改革开放三十年重要文献选编》（下），中央文献出版社 2008 年版，第 1250 页。

④ 李君如：《科学发展观概论》，中央文献出版社 2007 年版，第 58 页。

⑤ 《中共中央国务院关于加快推进生态文明建设的意见》，《人民日报》2015 年 5 月 6 日 01 版。

动生产方式的绿色化，大幅提高经济的绿色化程度，有效地降低发展的资源环境代价"①。各级地方政府纷纷出台了促进地方产业转型升级和生态文明建设的相关政策，社会各行各业不断地加大节能减排与科技创新的力度，学者也积极踊跃地投入产业结构转型与生态文明建设的科学研究。本书正是在此宏大社会历史背景下，从产业转型与生态文明的视角，以苏南工业园区为考察对象，探究产业转型升级与生态文明建设的地方实践经验和模式路径。

第一节　研究区域

一　苏南其地

苏南作为地理上的一个区域，位于我国的长江三角洲，包括南京、苏州、无锡、常州、镇江五市，总面积 2.8 万平方公里。改革开放以来，苏南地区经济快速发展，人民富裕程度不断提高。2016 年，苏南区域经济总量高达 44795 亿元。

苏南是我国改革开放的前沿阵地，园区经济是苏南地区经济发展的一大特色。苏南共拥有 8 家国家级高新区和 5 家省级高新区，为全国国家级高新区最密集地区，以全省 0.6% 的土地面积创造了 13% 的经济总量、25% 的高新技术产值。② 苏南是我国经济社会最发达、现代化程度最高的地区之一。苏南区域环境保护和生态建设良好，拥有国家园林城市 13 个，国家环保模范城市 14 个，国家级生态市（县、区）17 个，生态乡镇 176 个，生态工业示范园区 7 个，是全国园林城市、环保模范城市和生态城市最密集的区域。

2013 年 4 月，苏南现代化示范区正式上升为国家战略，拥有 7 个生态工业示范园区。《国家发展改革委关于印发苏南现代化建设示范区规划的通知》提出，要着力推进经济现代化、城乡现代化、社会现代化和

①　李克强：《全面建成小康社会新的目标要求》，《人民日报》2015 年 11 月 6 日 03 版。
②　高冉晖：《"新常态"下苏南国家自主创新示范区建设研究》，《科技进步与对策》2015 年第 16 期。

生态文明、政治文明建设，促进人的全面发展，努力建成自主创新先导区、现代产业集聚区、城乡发展一体化先行区、开放合作引领区、富裕文明宜居区，推动苏南现代化建设走在全国前列。① 提出在生态文明建设方面，建立经济发达、人口稠密地区生态建设与环境保护新模式，形成绿色、低碳、循环的生产生活方式，为全国建设资源节约型和环境友好型社会提供示范。支持国家级开发区和省级开发区创建特色产业园区、创新型园区、生态工业园区、知识产权示范园区，支持创建新型工业化产业示范基地。实施园区循环化改造工程，在有条件的城市建设国家"城市矿产"示范基地，支持镇江经济技术开发区创建循环经济示范园区、南京化学工业园创建生态工业示范园区。积极推行清洁生产，重点在冶金、化工、纺织等行业推广应用清洁生产技术、工艺和设备。

二　苏南工业园区

苏南作为工业发展的重镇，工业园区林立。本书选取南京的经济技术开发区、高新技术产业开发区和化学工业园区 3 个国家级开发区，苏州选取作为中新合作典范的苏州工业园区，无锡选取以环保为特色的中国宜兴环保科技工业园，常州选取武进高新技术产业开发区，镇江选取镇江经济技术开发区作为研究案例（见图1—1）。

（一）南京经济技术开发区

南京经济技术开发区，又称南京新港开发区，位于南京市栖霞区，成立于 1992 年，2002 年被批准为国家级经济技术开发区。开发区累计引进企业 3500 家，总投资 2080 亿元，其中外资企业 460 家，总投资 110 亿美元，世界 500 强企业 65 家。2015 年，南京经济技术开发区实现工业总产值 3711 亿元，地区生产总值 850.1 亿元，进出口总额 216.5 亿美元，综合发展水平位居全国国家级经开区前 10 位，已经形成了光电显示、高端装备、生物医药、现代服务业四大主导产业。② 《中共南京市委南京经济技术开发区工作委员会、南京经济技术开发区管理委员

---

① 国家发展改革委：《国家发展改革委关于印发苏南现代化建设示范区规划的通知》，2013 年 4 月 25 日（http://www.gov.cn/zwgk/2013-05/06/content_2396729.htm）。

② 南京经济技术开发区（http://www.njxg.com/22091/22092/）。

图1—1 苏南工业园区案例分布图

会职能配置、内设机构和人员编制规定》中明确，经济开发区党工委、管委会设 10 个内设机构和 1 个综合执法支队，国土资源管理与环境保护局是其中之一。①

————————————

① 中共南京市委办公厅、南京市人民政府办公厅关于印发《中共南京市委南京经济技术开发区工作委员会、南京经济技术开发区管理委员会职能配置、内设机构和人员编制规定》的通知，2012 年 12 月 26 日。

2003 年，开发区管委会通过了 ISO 14000 环境管理体系认证。至 2014 年年底，开发区 LG 显示、LG 化学、瀚宇彩欣、南京夏普、龙蟠石化等近百家企业相继通过了 ISO 14001 环境管理体系的认证。南星药业、新百药业、LG 新港等近 40 家企业开展了清洁生产审核。园区围绕"光电显示、装备制造、生物医药、现代商贸"四大主导产业，严格执行产业政策和环境标准，一方面清理、淘汰落后产业，进行"腾笼换凤"，通过盘活土地存量、提高土地的"亩产效益"、加快企业转型升级；另一方面，督促企业加大节能改造力度，提高现有企业的投入产出比，降低现有企业的污染物总排量。园区注重环境污染的源头治理，运营好龙潭、东阳两大污水处理厂，加强园区循环化改造。2012 年 4 月，南京经济技术开发区通过了由国家环保部、商务部、科技部等部门以及中国环科院、上海大学、山东大学等院校专家共同组成的国家级生态工业示范园区验收组的审核验收，成为南京首家通过国家级生态工业示范园区验收的园区。

（二）南京高新技术产业开发区

南京高新技术产业开发区位于南京市浦口区，成立于 1988 年，1991 年被批准为国家首批国家级高新区。园区现管辖面积 160 平方公里，现有注册企业 3300 余家，形成了软件及电子信息、卫星应用、生物医药特色产业集群。2014 年实现技工贸收入 2702 亿元，地区生产总值 260.5 亿元，公共财政预算收入 45.6 亿元。

园区重视生态文明建设，于 2001 年通过 ISO 14001 环境管理体系认证，树木葱郁，绿地覆盖率达 50% 以上，空气净度达国家标准一级。2014 年 9 月，南京高新区被环保部、商务部、科技部正式批准为"国家生态工业示范园区"。2015 年 1 月，园区专门成立环境保护局，负责园区内环境保护相关的行政审批及监督管理工作。2014 年 10 月，苏南国家自主创新示范区获批，高新区按照国务院"三区一高地"（创新驱动发展引领区、深化科技体制改革试验区、区域创新一体化先行区和具有国际竞争力的创新型经济发展高地）的要求，创新驱动，先行先试，提出通过 3—5 年的时间，园区的主要科技指标达到世界创新型国家和地区的先进水平，基本建成与现代产业体系高效融合、创新要素高效配置、科技成果高效转化、创新价值高效体现的开放型区域创新体系，成为南京创新驱动的标杆区、江北新区经济发展的主引擎。① 2014 年 1 月 18 日，高新区与洪泽县签订关于共建南京高新技术产业开发区洪泽工业园的框架协议。双方在江苏洪泽经济开发区内共建规划面积 3 平方公里的园区，由双方共同规划、共同开发、共同招商、共享成果。②

（三）南京化学工业园区

南京化学工业园区成立于 2001 年，是以发展现代化工为主的专业园区。园区规划开发面积 45 平方公里，重点打造以深度加工和高附加值产品为主要特征的国家级石化产业基地，为全国首个获得"国家级循环经济标准化示范园区"称号的化工专业园区。化工园区坚持"产业发展一体化、公用工程一体化、物流输送一体化、环保安全一体化、管理服务一体化"的发展方针，开展招商选资，集聚先进制造业，发展现代服务业，推动可持续发展。截至 2015 年年底，园区产业区累计完成投入约 2000 亿元，建成投产各类企业 148 家，其中外商投资企业 62 家，巴斯夫、英国石油公司（BP）、亨斯迈、空气化工等 20 多家世界 500 强与化工 50 强企业在园区落户，形成以新材料、生命科学与高端专用化学品为主要特色的产业发展体系，产业规模与综合竞争力位居全国同类园区前列。③ 南京大厂地区是全国著名的重化工业集中的老工业基地，区内建有南钢集团、南化公司等多家国家特大型工业企业，主要以南化、南钢、华能电厂、南热发电、帝斯曼东方化工五大企业及其相关配套企业和生活用地为主。

（四）苏州工业园区

苏州工业园区是中国和新加坡两国政府间的重要合作项目。2015 年，园区全年共实现地区生产总值 2070 亿元，同比增长 8%；公共财政预算收入 257.2 亿元，增长 11.7%，税收占比达 93.6%，各类税收总收入超 670 亿元。园区推动实施"走出去"战略，稳步推进苏相合作经济开发区、苏宿工业园、苏通科技产业园、霍尔果斯经济开发区、苏滁

① 南京高新技术开发区（http：//www.njnhz.gov.cn/art/2012/09/12/1045_1394.html）。
② 南京高新技术开发区（http：//www.njnhz.gov.cn/art/2015/05/23/1051_11827.html）。
③ 南京化学工业园区（http：//ncip.nanjing.gov.cn/yqgk_52981/yqjj/201408/t20140808_2943318.shtml）。

现代产业园等合作项目。不断优化产业结构，在电子信息、机械制造等方面形成了具有一定竞争力的产业集群，高新技术产业产值占规模以上工业总产值的比重达到 67%。利用苏南国家自主创新示范区建设机遇，实施创新驱动战略，累计建成各类科技载体超 380 万平方米、公共技术服务平台 30 多个、国家级创新基地 20 多个、各类研发机构 450 个，基本形成国际科技园、创意产业园、苏州纳米城等创新集群。截至 2015 年年底，国家"千人计划"人才有 118 人，"江苏省高层次创新创业人才"有 137 人，"姑苏创新创业领军人才"有 209 人，继续保持省市第一。大专以上人才占就业人口的比重达 40%，总量保持全国开发区的首位。园区坚持集约节约发展，注重生态环境保护和资源有效利用，绿地覆盖率达 45%，区域环境质量综合指数达 97.4%，整体通过 ISO 14000 认证，成为全国首批"国家生态工业示范园区"。2015 年，园区完成生态文明建设 60 项重点项目、城市环境 63 项重点整治任务，被评为"江苏省建筑节能和绿色建筑示范区"①。

（五）中国宜兴环保科技工业园

中国宜兴环保科技工业园是 1992 年经国务院批准设立的唯一以环保产业为主题的国家高新技术开发区。区域规划面积从建园时的 4 平方公里，拓展到目前的 212 平方公里。园区环保产业发展从 1974 年起步，到目前为止已孵化培育环保企业 1780 多家。2014 年环保产业技工贸收入超过 600 亿元，是全国环保企业最集中、产品最齐全、技术最密集、产出规模最大的环保产业集群。2016 年，园区（含高塍）完成规上工业产业 546.8 亿元，同比增长 3.4%；协议注册外资 2.42 亿美元，实际到位外资 3950 万美元；出口总额 3.1 亿美元，同比增长 16.1%，在无锡 6 个国家级开发区中位居第一。②

（六）常州武进高新技术产业开发区

武进高新技术产业开发区是 1996 年 3 月经江苏省人民政府批准设立、1997 年 7 月正式挂牌成立的全省首家省级高新区；2012 年 8 月，

---

① 苏州工业园区（http://www.sipac.gov.cn/zjyq/yqgk/201603/t20160311_416382.htm）。

② 朱旭峰：《聚力创新 聚焦为民 为建设"强富美高"新园区而努力奋斗——在环科园 2016 年度党员冬训暨先进表彰大会上的讲话》，2017 年 1 月 19 日。

经国务院批准升级为国家高新区。武进高新区地处常州市南翼，辖 14 个行政村和 19 个社区（其中北区 10 个居委会、南区 14 个行政村和 9 个居委会），户籍人口约 8 万人，总人口接近 20 万，行政管辖面积 81 平方公里，规划控制面积 182 平方公里。武进高新区坚持"集聚、集约、创新、开放、生态"的发展之路，综合实力不断攀升，产城融合步伐加快，初步打造了一个规划科学、功能齐全、产业集聚、环境优美、生态和谐、充满生机和活力的现代产业开发区。

武进高新区的发展主要经历了三个阶段：第一阶段是 1996—2002 年。启动北区 3.4 平方公里（后扩大至 10 平方公里）的开发，先后引进了卡尔迈耶、博世力士乐、液压成套等一批内外资骨干企业，作为武进工业经济重要增长板块的雏形基本形成。第二阶段是 2003—2006 年。按照江苏省实施沿江开发战略和常州市加快"一体两翼"建设的部署，实施南区开发战略，高新区行政区域扩展到南夏墅镇行政区域。第三阶段是 2007—2012 年。武进高新区的工作重心由"以大规模拆迁为主"向"以构建和谐社会为主"转移，由"以开发建设为主"向"以招商引资为主"转移。2011 年，武进区委、区政府明确高新区和前黄镇实行一体化规划建设。2012 年 8 月 19 日，国务院正式发文（国函〔2012〕108 号），同意武进高新区升级为国家高新技术产业开发区。武进国家高新区党工委、管委会为正处级建制，下辖高新区北区党委、管理处，受区委区政府委托代管南夏墅街道党工委、办事处。高新区内设监察局、办公室、党群工作部、出口加工区管理局、经济发展局、规划建设和城市管理局、招商局、科技局、财政局、投资促进服务局等正科级建制的"一室一部八局"[①]。

（七）镇江经济技术开发区

镇江经济技术开发区地处镇江新区，位于中国最发达的长三角中心区域、苏南经济板块、镇江市区东部。由 1992 年设立的镇江经济开发区和 1993 年设立的镇江大港经济开发区于 1998 年 6 月合并组建而成，总面积 218.9 平方公里，常住人口 22 万。2010 年 4 月升级为国家级经济技术开发区。2014 年，实现 GDP 517 亿元，人均 GDP 36162 美元，

---

① 《武进国家高新区情况简介》，2015 年 4 月调查资料。

公共财政预算收入48.9亿元。累计实际利用外资近75亿美元，城乡居民人均可支配收入分别达到34705元、16980元。在2015年全省经济技术开发区科学发展综合考核评价中排名第六。2016年，全年GDP、固定资产投资、工业应税销售、一般公共预算收入分别完成582亿元、476.7亿元、751亿元、50.03亿元，城镇居民和农村居民人均可支配收入分别增长7.9%和8.3%。①

第二节　文献综述

从党和国家为实现经济发展与生态环境的双赢而出台的战略部署来看，我们不难发现，破解经济发展与生态环境之间矛盾的出路，主要在于推进产业结构转型升级与生态文明建设。实际上，以往相关研究主要是围绕"产业转型"与"生态文明"两个方面，对中国经济可持续发展与中华民族永续发展之间的关系问题展开探究的。因此，在对以往研究成果进行文献综述的过程中，我们也将主要聚焦于产业转型和生态文明两个方面，以期从概念界定层面分别厘清"产业转型"和"生态文明"的核心内涵、主要维度以及基本特征。此外，无论是产业结构的转型升级，还是生态文明观念的形成与建设战略的提出，都有其得以形成与发展的历史过程。与此相应的是，关于生态文明与产业转型的相关研究，无论是国内还是国外，都有它们起步与深入的变化过程。因此，对于这种发展变化过程的追溯，也将是我们文献回顾的应有之义。最后，不论是促进经济产业结构的转型升级，还是推进生态文明形态的建设，归根结底是为了找到从根本上解决或缓解经济发展与生态环境之间矛盾的出路。以往相关研究已经对推进产业结构转型升级与生态文明建设的举措展开了丰富探索，因此，我们的文献综述也将涉及相关经验模式与对策措施的梳理。同时，还将介绍本书用到的主要研究方法。

---

① 镇江经济技术开发区（http://www.zjna.gov.cn/zjxqgb/xqgl/xqgk/xqjj/index.html）。

一　环境保护与生态文明的兴起

从根本上讲，生态环境保护问题不是一个古已有之的传统问题，而是一个现代性问题。生态环境保护成为一个广受关注的全球性议题，是随着以"自然的资源化"（the resourcelization of nature）为核心的工业化生产方式及经济全球性扩张的产物。现代工业化生产对自然资源的掠夺式开发，使得生态环境保护成为一个值得关注的问题。而现代工业文明及其经济发展模式的全球化，使得生态环境保护成为一个全球性议题。在现代化与工业化进程上"先行一步"的西方社会，先行遭遇了环境污染与生态保护的问题。尽管早在19世纪西方社会就已经有以诸如梭罗的《凡尔登湖》为代表的所谓"自然主义文学"，表达出对工业化导致的严重环境污染使人丧失了关于田园的宁静的反思。但是直到20世纪，主要工业化国家出现诸如"马斯河谷烟雾事件"（比利时，1930年）、"洛杉矶光化学污染事件"（美国，1943年）、"多诺拉烟雾事件"（美国，1948年）、"伦敦烟雾事件"（英国，1952年）、"水俣病事件"（日本，1953—1956年）、"疼痛病事件"（日本，1955—1972年）等一系列著名"环境公害事件"[①]以来，生态环境污染与保护的问题才越来越受到公众的关注，并由此引发和促进了相关科学研究的迅猛发展。1962年出版的雷希尔·卡逊的《寂静的春天》，一经问世就"洛阳纸贵"，可以说是这种西方发达工业化国家开始关注环境问题、环境保护意识逐渐兴起的鲜明例证。

尽管环境保护意识在20世纪60年代的西方就已经兴起，但在进入20世纪70年代以来，环境污染似乎并没有从根本上得到改变，甚至还大有愈演愈烈的趋势。巴里·康芒纳就曾经指出，"1970年，环境危机震惊了世界。四年后，在人们仍为清洁环境斗争时，我们发现自己再次陷入了始料未及的能源危机中。如此一来，就像在早期环境危机年代中那样，人们又一次陷入了困惑"[②]。面对所谓的"环境危机"与"能源

---

① 赵成：《生态文明的兴起及其对生态环境观的变革：对生态文明观的马克思主义分析》，博士学位论文，中国人民大学，2006年。

② 巴里·康芒纳：《封闭的循环：自然、人与技术》，侯文蕙译，吉林人民出版社1997年版，第3页。

危机"的双重压力，1972 年，以德内拉·梅多斯为首的罗马俱乐部推出了经典之作《增长的极限》，提出地球的能源与资源是"有限"的，为了支撑未来长远的可持续发展，人类必然走有机增长的道路，以建立经济增长与生态保护的平衡。书中诸如"人越多越穷，越穷人越多""对增长有意地加以约束""单有技术与市场仍难以为继"[1] 等论点，引起了人们的激烈争议。例如，美国赫德森研究所的赫尔曼·卡恩等人，认为人类社会虽然面临人口增长、粮食短缺、环境污染等问题，但这些问题基本上是能通过科学技术的发展进步解决的。人类社会将会凭借科学技术实现持续发展，并不存在自然因素的制约。[2] 但是罗马俱乐部《增长的极限》的报告，无疑引发了人们对经济发展方式的思考和对生态文明的关注，促进了人们对高能耗、高污染的传统工业文明的反思。

实际上，20 世纪 70 年代以来，联合国和世界各国就环境问题与环境保护所召开的各种会议和推动的各种议程本身，已经在很大程度上说明了生态环境危机与可持续发展的问题越来越受到世界各国的关注，生态环境保护已经成为一个深受重视的全球性议题。1972 年 6 月 16 日，在斯德哥尔摩召开的联合国"人类环境会议"，通过了人类历史上第一个保护生态环境的全球性宣言——《人类环境宣言》。来自 113 个国家的 1300 多名参会代表，就经济发展与生态环境的关系议题展开讨论，最终达成了 7 项共同观点[3]：（1）人类是环境的产物，又有改变环境的巨大能力。（2）保护和改善人类环境，关系人民幸福和经济发展，这是各国人民的迫切愿望，是各国政府应尽的责任。（3）人类改变环境的能力，如果妥善运用，可以为人民带来福利；如果运用不当，则可以对人类和环境造成严重危害。（4）发展中国家的环境问题主要是发展不足造成的，发达国家的环境问题则主要是由工业化和技术发展造成的。（5）人口的自然增长继续不断地给保护环境带来问题，但如果采

---

① 德内拉·梅多斯、乔根·兰德斯、丹尼斯·梅多斯：《增长的极限》，李涛、王智勇译，机械工业出版社 2013 年版。

② 赫尔曼·卡恩，威廉·布朗·马尔特：《今后二百年：美国和世界的一幅远景》，上海市编译工作委员会译，上海译文出版社 1980 年版。

③ 王满荣：《关于生态文明观的理性思考》，《南京农业大学学报》（社会科学版）2006 年第 3 期。

取适当的政策、措施，这些问题都是可以解决的。（6）为了当代人与子孙后代保护和改善环境，已经成为人类的紧迫目标。这个目标，将与争取和平、经济和社会发展的目标协同实现。（7）为实现这一目标，需要公民和团体以及企业和各级机关承担责任、共同努力，各国政府要对大规模环境政策和行动负责。对区域性、全球性的环境问题，国与国之间要广泛合作，采取行动，以谋求共同利益。联合国《人类环境宣言》第一次为各国环境保护提供了政治和道义上必须遵守的规范，总结与制定了国际环境法的基本原则，并为各国国内环境法的发展指明了方向。1992年联合国"环境与发展"大会通过了《21世纪议程》，世界各国也纷纷制定了本国的《世纪议程》，确定了本国经济社会发展与环境保护的目标、计划和任务，逐步地在不同的领域开展"可持续发展"的实践。

值得一提的是，1997年日本京都召开的《联合国气候变化框架公约》第三次缔约方会议通过了《京都议定书》。《京都议定书》要求"从2008到2012年期间，主要工业发达国家的温室气体排放量要在1990年基础上平均减少5.2%，其中欧盟将6种温室气体的排放削减8%，美国削减7%，日本削减6%"[①]。2005年2月16日，《京都议定书》开始强制生效，这不仅标志着人类历史上首次以法律法规的形式限制温室气体的排放，而且体现出了联合国对于推进全球生态环境保护的巨大决心。

令人遗憾的是，2012年《联合国气候变化框架公约》第十七次缔约方会议暨《京都议定书》第七次缔约方会议通过了《多哈修正》，以从法律上确保2013年起执行8年期的《京都议定书》第二承诺期时，加拿大、日本、新西兰及俄罗斯明确地表示了不参加第二承诺期。由此，在很大程度上给全球环境保护事业蒙上了一层阴影，甚至使《京都议定书》在一定意义上已经名存实亡。2015年的气候变化大会上，各国一致通过《巴黎协定》，它针对2020年后全球应对气候变化行动做出了建设性安排。然而，随着2017年6月1日美国总统唐纳德·特朗普

---

① 参见中国科学技术学会网站（http://news.xinhuanet.com/science/2016-02/16/c_135099168.htm）。

宣布美国将退出《巴黎协定》，使未来全球应对气候变化与生态挑战更添变数。

与联合国对全球生态环境保护的大力推进相一致，1994年中国政府也通过了《中国世纪议程——中国世纪人口、环境与发展白皮书》，对社会、经济与环境资源之间的协同与良性发展做出了战略布局，不仅在国家层面上推进了"既要满足当代人的需要，又不对后代人满足其需要的能力构成危害"的"可持续发展战略"，而且在社会层面上促使生态环境保护日益成为全民的自觉行动。到了2002年，中共十六大将"可持续发展能力不断增强，生态环境得到改善，资源利用效率显著提高，促进人与自然和谐"①列为全面建设小康社会的四大目标之一，并在中共十七大和十八大上持续地强调经济发展、环境保护与生态文明之间的协调发展。中国不仅在国际层面上加入了与世界各国一道应对全球生态环境危机的共同事业，成为世界环境保护史不可分割的构成部分，而且在国内层面推进产业结构转型升级与生态文明建设开始成为党和国家共同关切的重大议题，为破解经济发展与生态环境保护的矛盾奠定了坚实的基础。

二 生态文明的内涵、维度与特征

尽管"生态文明"（ecological civilization）是在2007年中共十七大才被写入党的报告的，并由此标志着"生态文明建设"战略在我国的确立。但是早在20世纪90年代初，国内学者有关注到研究"生态文明"的必要性和重要性。从"中国知网"收录的研究文献来看，早在1990年，就有学者撰文探讨"生态意识与生态文明"。李绍东在其1990年发表的《论生态意识与生态文明》一文中，指出"近几年来，理论界对生态意识的研究虽尚待深入，但已有较大进展，而对生态文明问题却未涉及"。在李绍东看来，人类面临"生态危机"并非偶然，要解决生态危机就要提倡"生态文明"，也就是要促进"人民观念更新、行为自我约束，以调整人和自然环境之间关系的自觉要求和迫切愿望"。对

---

① 中共中央文献研究室：《改革开放三十年重要文献选编》（下），中央文献出版社2008年版，第1250页。

李绍东而言，"生态文明的内容"主要包括"纯真的生态道德观""崇高的生态理想""科学的生态文化"和"良好的生态行为"，而"建构生态文明的主要途径"则包括"要有明确的指导思想""强化生态知识的覆盖面""建设良好的社会生态生理环境"和"生态文明的制度化"①。

从1990年学界开始关注"生态文明"的探索以来，国内陆续出现了关于生态文明的研究成果。在1994年以申曙光等人为代表，在一定意义上掀起了一轮生态文明研究的"小高潮"，是年的成果发表数量也超过了个位数，达到16篇。在1994年发表的论文中，申曙光指出，"工业文明发展到今天，已经陷入难以自拔的危机中……生态危机正是工业文明走向衰亡的基本表征。一种新的文明——生态文明——将逐渐取代工业文明，成为未来社会的主要文明形态"。在申曙光看来，生态文明是一种新文明，是人类社会发展过程中出现的较工业文明更先进、更高级、更伟大的文明。生态文明要求"形成人—自然的整体价值观和生态经济价值观"。生态文明的"生态基础"，在于以"绿色"为标志的"生态系统的不断进化"。生态文明，要求"重新建立一个绿色世界，让人生活在生机盎然的生命世界中"。生态文明的"科技基础"，在于"科学技术的生态规范化，即按照生态原理要求进行科学技术的研究、发展、管理与应用"。生态文明，要求"科学技术既要认识、利用和改造自然，又认识与调节人类自身，认识和调节人与自然的关系，认识和调节人的活动对自然的影响"。生态文明的"能源基础"，在于一方面"从使用不可再生能源转向使用连续流能源"，即"可再生"的"生态能源"，另一方面"改变人类活动，以便能较少地而非越来越多地消耗能源"。总之，"要大力培育生态文明的生长点（生态意识、生态科学与环境技术、绿色思想、生态农业、生态能源和生态工程），使之迅速生长、扩大、增强影响力，最后成为社会有机体的主体"②，从而实现生态文明形态。

---

①　李绍东：《论生态意识与生态文明》，《西南民族大学学报》（哲学社会科学版）1990年第2期。

②　申曙光：《生态文明及其理论与现实基础》，《北京大学学报》（哲学社会科学版）1994年第3期。

　　关于"生态文明"的研究迎来"大跃进",从成果发表的数量来看,是自 2003 年以来才发生的事情。以"中国知网"收录的成果数量为例,2003 年以"生态文明"为题的研究成果发表数量超过了百篇边界,达到了 155 篇。2007 年的发文数量超越了千篇,数量达到 1629 篇。值得一提的是,2008 年以生态文明为题的成果发表数量更是达到了4153 篇。在 2008 年经历了一个成果发表数量的高峰之后,关于生态文明研究的"热度"有所下降,但仍然维持在每年 2000 多篇的成果发表数量。到了 2013 年,国内关于生态文明的研究再次迎来高潮,当年以此为题的成果发表数量达到了前所未有的 6893 篇。与前一周期成果发表数量的变化趋势一致,也就是从 2008 年 4153 篇的峰顶逐年下降到2011 年的 2196 篇的谷底,但总体数量仍维持在高位运行。这一周期,从 2013 年 6893 篇的峰顶开始逐年下降的趋势是显而易见的,到目前为止,2016 年"中国知网"上收录的以"生态文明"为题的发文数量是4229 篇。① 以 1990 年以来的变化趋势看,关于"生态文明"的研究在未来的几年将会再次成为研究的热点话题之一,至少在研究成果发表数量上将极有可能再次经历触底反弹的过程。有必要指出的是,虽然"中国知网"收录的上述发文数据,并不只是期刊论文或者硕博士论文,还包括诸如报纸、会议和报告等其他形式的研究成果。但是一方面,上述呈现出的只是"中国知网"收录的数据,而未涉及其他数据库的情况。另一方面,即便是其他形式的研究成果,无疑也在一定程度上反映着生态文明的研究状况。因此,从"中国知网"数据库检索的上述趋势,可以体现国内关于生态文明研究的总体状况。

　　基于"中国知网"收录的生态文明研究成果发表数据,我们尝试对截至目前关于生态文明研究的总体状况与趋势做出一些基本判断。从2003 年"生态文明"开始逐渐成为国内社会科学研究的热点话题以来,对生态文明的研究热度就经历着一路飙升并且持续不减的趋势。即便是研究成果的发表数量存在波动状况,但仍然维持在发表数量的高位波动。这不仅说明了学术界对生态环境与生态文明问题的研究兴趣,更主要的是反映出了环境污染与生态危机的确已经成为紧迫的社会问题,社

---

　　① "中国知网"数据库(http://epub.cnki.net/kns/brief/default_ result.aspx)。

会大众已经真切地体验到了生态文明建设的必要性。此外，有意思的是，与生态文明相关的研究成果的发表量，分别在 2003 年、2007 年、2008 年和 2013 年经历了关键增长点，而这些年份又分别是中共的十六大、十七大和十八大召开的年份或召开后一年。更重要的是，在这几次大会上，党和国家都对"生态文明建设"做出了强调和部署。这不仅说明环境污染和生态危机已经引起党和国家的高度重视，党和国家开始从战略上大力推进生态文明建设的总体布局，而且说明在党和国家的号召下，学术界也积极投身于为生态文明建设献智、献策和献计的研究事业中，至少发表和提供了大量关于生态文明的研究成果。从总体上来看，到目前为止，可以说国内已经有大量关于生态文明的研究文献，生态文明问题在一定意义上已经取得了相当丰富的研究成果。这些成果已经对生态文明的内涵、维度和特征等做出了非常充分的探索，从而为我们关于工业园区的产业转型与生态文明的研究奠定了基础。

既然目前已经取得了关于生态文明建设研究的丰富成果，这些研究成果已经对生态文明的内涵、维度和特征做出了充分的探究，那么从已有的相关研究文献来看，生态文明的基本内涵、主要维度和显著特征是什么？就生态文明的基本内涵来讲，虽然不同学者从不同角度做出了不同阐述，但对生态文明基本内涵与总体趋势的认知共识，是显而易见的。在 1990 年最早出现"生态文明"的研究时，生态文明的内涵被界定为"把对生态环境的理性认识及其积极实践成果引入精神文明建设，并成为一个重要的组成部分。生态文明是伴随着人的生态需要、生态科学及其社会实践而产生的"[1]。到 1994 年，生态文明开始被理解为一种"文明形态"，是将取代作为"灰色文明"的"工业文明"并"引导人类社会继续向前发展"的"绿色文明"[2]。1997 年，有学者指出，"人类社会的文明史，已经经历了狩猎文明、农业文明、工业文明，正在走向信息文明同时孕育着生态文明"[3]。

---

[1] 李绍东：《论生态意识与生态文明》，《西南民族大学学报》（哲学社会科学版）1990 年第 2 期。

[2] 申曙光：《生态文明及其理论与现实基础》，《北京大学学报》（哲学社会科学版）1994 年第 3 期。

[3] 刘宗超：《生态文明与中国可持续发展走向》，中国科学技术出版社 1997 年版。

对作为一种文明形态或人类发展新阶段的生态文明的内涵，不同学者从不同的角度做出了更深入具体的阐述。有学者认为，生态文明是一种取代工业文明的更高级的文明形态，这种文明形态"不仅追求经济、社会的进步，而且追求生态进步，是一种人与自然协同进化，经济、社会与生物圈协同进化的文明"①。也有学者认为，"生态文明是人类文明发展的一个新阶段，即工业文明之后的人类文明形态。生态文明不仅是工业文明的继承，也是工业文明的发展。因此，生态文明在克服工业文明的弊端与缺陷的同时，还应该保证资源的循环利用与社会的持续发展，这就决定了生态文明具有独特的区别于其他文明形态的特征"②。有学者则认为，"对社会结构或文明结构的认识必须要随时代的发展而发展，自然生态环境的恶化及其对人类社会的已有的和可能的威胁，需要我们把对自然生态系统的保护纳入人类社会实践的自觉认识与规划之中，需要在理论上承认人类社会的基本结构是经济、政治、精神和生态保护四个方面的统一。相应地，社会文明结构也应该包含着四种文明形式，即物质文明、政治文明、精神文明和生态文明，而社会文明发展就是由这四个文明交互作用而推进的过程"③。值得注意的是，这里的"生态文明"并不是在人类历史发展新阶段的含义上讲的，而是在现代文明的构成部分或社会文明的构成部分的意义上讲的。然而，对生态文明之含义的这种"狭义"界定，却早在20世纪90年代"生态文明"研究兴起之初就已经遭到否定。因为有学者曾经指出，"生态文明与物质文明、精神文明之间不属于并列关系，生态文明的概括性与层次性更高、外延更宽"④。显然，这在很大程度上认同的是作为一种人类发展新阶段的生态文明内涵，即生态文明是一种继工业文明而来的新兴人类文明形态。

根据上述有关生态文明的界定，我们不难发现，从文明形态或文明

---

① 刘湘溶：《生态文明论》，湖南教育出版社1999年版。

② 姬振海：《生态文明论》，人民出版社2007年版。

③ 黄爱宝：《生态文明与政治文明协调发展的理论意蕴与历史必然》，《探索》2006年第1期。

④ 傅先庆：《略论"生态文明"的理论内涵与实践方向》，《福建论坛》（经济社会版）1997年第12期。

类型的角度来看，生态文明的含义在一定意义上有着"广义"与"狭义"之分。广义的生态文明，指的是人类文明发展的新阶段，是人类迄今经历了原始文明、农业文明和工业文明三个阶段之后，在对自身发展与自然关系深刻反思的基础上，将要迈入的新的文明阶段。狭义的生态文明，是指社会文明的构成部分之一，是与物质文明、精神文明和政治文明相并列的文明类型。它们之间相互影响，相互促进，是贯穿所有社会形态的基本结构之一。当然，从这种视角来看，在广义与狭义之间还有对生态文明之内涵的第三种认知，那就是所谓的"折中说"。这种观点认为，从纵向的发展上讲，文明可以分为原始文明、农业文明、工业文明和生态文明，它们之间存在着一种时间上的继替关系。从横向上看，文明可分为物质文明、精神文明、政治文明和生态文明，它们之间是相互并列、相互影响的同等重要关系。① 以这种视角界定生态文明的内涵，在一定意义上促进了对生态文明的理解，尤其是作为社会文明构成部分的狭义生态文明的内涵，的确扩充了社会文明的范围。但是将生态文明视为继工业文明而来的人类新兴文明形态的广义生态文明内涵，主要受到所谓后工业文明或后现代思潮的影响。这种含义的生态文明的趋势，从目前的状况来看，还不太显著。

除了从发展阶段或文明类型的角度审视生态文明的含义之外，也有学者从人类文明调节对象的视角来界定生态文明的内涵。② 从这种视角来考察生态文明的已有研究文献，可以从总体上区分为三种不同的观点③：第一种观点认为，生态文明是调整人与自然之间关系的"精神成果"的总和。比如，有学者认为生态文明昭示着国家大力保护生态环境的政治意志，是国家用以指导社会处理人与自然关系的意识形态。④ 第二种观点认为，生态文明是调整人与自然之间关系的"物质成果和精神成果"的总和，凡是和处理人与自然之间关系相关的物质成果与精神成果都属于生态文明。比如，有学者认为生态文明是人类在发展物质文明过程中保护和改善生态环境的成果，主要表现为人与自然和谐程度的进

---

① 黄承梁：《生态文明简明知识读本》，中国环境科学出版社 2010 年版。
② 兰明慧、廖福霖：《生态文明研究综述》，《绿色科技》2012 年第 12 期。
③ 毛明芳：《生态文明的内涵特征与地位》，《中国浦东干部学院学报》2010 年第 5 期。
④ 夏光：《生态文明是一个重要的治国理念》，《中国环境报》2007 年 11 月 26 日。

步和生态文明观念的增强，生态文明观念主要包括生态意识文明、生态制度文明和生态行为文明三个方面的内容等。[①] 第三种观点认为，生态文明是调整人与自然、人与人、人与社会关系的物质成果与精神成果的总和。比如，有人认为生态文明不只是生态环境领域的一项重大研究课题，而是人与自然、发展与环境、经济与社会、人与人之间关系协调发展、平衡步入良性循环的理论与实践，是人类社会跨入一个新时代的标志，是知识经济、生态经济和人力资本经济相互融通的整体性文明。[②]

就生态文明的核心维度和显著特征来讲，从已有研究对生态文明之基本内涵的界定来看，生态文明的维度和特征已经在很大程度上充分呈现出来了。但有必要指出的是，由于不同学者是从不同视角考察生态文明，因此以往关于生态文明维度与特征的认知并不一致。实际上，生态文明从根本上说应包含着多重维度和多样特征，因此，这种不一致与其说是以往研究的局限性，倒不如说是从生态文明本身而来的实事求是的研究成果。具体来讲，有学者认为生态文明的本质是延续工业技术及其文明，建构生态主体，关注"自然—社会"生态，现实性和未来性相统一。[③] 有学者则认为，生态文明的基本特征表现为对于农业文明和工业文明的"扬弃"，强调人与自然的和谐相处，强调生态系统的生态价值、经济价值和精神价值的统一。[④] 有学者认为，生态文明以人与自然、人与人、人与社会的和谐共生、良性循环、全面发展与持续繁荣为基本宗旨，以建立可持续的经济发展模式、健康合理的消费模式与和谐的人际关系为主要内涵，以建设资源节约型、环境友好型、天人和谐与人际和谐的社会为目标。[⑤]。有的学者则从相对抽象的层面概括了生态文明的特征，比如认为生态文明的主要特征在于独立性、整体性、相对性、反思性、过程性等[⑥]，认为生态文明具有全面性、和谐性、高效性

① 陈寿朋：《浅析生态文明的基本内涵》，《人民日报》2008年1月8日。
② 春雨：《跨入生态文明新时代：关于生态文明建设若干问题的探讨》，《光明日报》2008年7月1日。
③ 张明国：《技术哲学视阈中的生态文明》，《自然辩证法研究》2008年第10期。
④ 严耕、杨志华：《生态文明的理论与系统建构》，中央编译出版社2009年版。
⑤ 刘湘溶：《建设生态文明，促进人与自然和谐共生》，《光明日报》2008年4月15日。
⑥ 薛晓源、李惠斌：《生态文明研究前沿报告》，华东师范大学出版社2007年版。

和持续性①等特征。毫无疑问，这些观点从不同的方面对生态文明的维度和特征做出了说明，并对深入而全面地理解生态文明发挥着重要的作用。

　　除了部分学者从特定的视角对生态文明的维度和特征做出特定的说明外，在以往研究中，其实已经有学者基于上述这些研究成果做出了相对全面的阐述。有学者就从世界观、文明含义、实践与实践主体等方面，对生态文明的时代特征做出了多维的概括。在世界观方面，生态文明强调人类与自然的统一与和谐，视人类和自然为共存共荣的不可分割的有机整体；在文明含义上，生态文明把保持和发展一个文明的地球作为实现人类文明的先决条件，反对以牺牲地球文明为代价来实现人类文明的发展；在实践上，生态文明把可持续发展作为自己的战略选择，摒弃片面追求经济效益而不顾生态效益的行为，反对以牺牲环境为代价来求得经济社会的发展；在实践主体上，生态文明强调全人类的共同责任和共同义务，强调全世界的人无论种族、国度、信仰有多大差异，全都是"地球村"公民，都是人与自然有机整体中的构成部分，都应担负保护地球的责任。② 有学者则从生态理念、生态经济、生态行为和生态制度等层面，总结、归纳和阐述了生态文明的核心维度和主要特征。在生态理念维度上，强调人与自然和谐相处的生态文明理念，认识到人与自然是一个有机整体，人类既有利用自然的权利，也有保护自然的义务。在生态经济维度上，强调形成有利于实现经济社会与自然环境可持续发展的生态经济模式，要促进产业结构的生态化转型与升级，推进循环经济和技术创新，为发展生态经济提供技术的支撑。在生态行为维度上，养成有利于地球生态系统的生态消费方式，摒弃消费理念至上的消费观、享乐主义的价值观，建立从资源与环境可持续发展出发的适度消费、绿色消费的生态消费观念和行为。在生态制度维度上，建立生态化的法律、法规和制度，建立生态化的考核评价体系，从而形成公正合理的生态制度。③

---

①　姬振海：《生态文明论》，人民出版社 2007 年版。

②　李校利：《生态文明研究新进展》，《重庆社会科学》2010 年第 3 期。

③　毛明芳：《生态文明的内涵特征与地位》，《中国浦东干部学院学报》2010 年第 5 期。

总的来说，目前学界已经取得关于生态文明的丰富研究成果，这仅从"中国知网"收录的以"生态文明"为题的相关文献的数量，尤其是从 2002 年以来对生态文明研究的文献数量的"大跃进"式发展中可见一斑。这些已经取得的大量相关研究成果，在很大程度上已经对生态文明的基本含义、主要维度和显著特征等进行了充分探究和阐述。已有相关研究对生态文明之含义、维度与特征的探究和阐述，不仅有助于我们更全面深入地理解生态文明本身，而且也在一定意义上为生态文明建设奠定了科学研究的基础。

有必要指出的是，除了上述提到的研究文献的探索外，在党和国家的政策、方针和意见中，也有关于生态文明的丰富阐述。除中共十六大、十七大和十八大等关于生态文明的论述外，2016 年 12 月 2 日，在浙江湖州召开的"全国生态文明建设工作推进会"上，中共中央政治局常委、国务院副总理张高丽传达了习近平同志的重要指示和李克强同志的批示精神。习近平总书记强调"生态文明建设是'五位一体'总体布局和'四个全面'战略布局的重要内容。各地区各部门要切实贯彻新发展理念，树立'绿水青山就是金山银山'的强烈意识，努力走向社会主义生态文明新时代……要深化生态文明体制改革，尽快把生态文明制度的'四梁八柱'建立起来，把生态文明建设纳入制度化、法治化轨道"。李克强总理指出，"生态文明建设事关经济社会发展全局和人民群众切身利益，是实现可持续发展的重要基石"[①]。这些论述对理解生态文明的内涵、维度和特征，破解经济发展与环境保护难题以及建设生态文明，具有重要意义。

三 产业转型的学术脉络

如果说建设生态文明是"从根本上缓解经济发展与资源环境之间的矛盾"以实现双赢的理想蓝图的话，那么推动产业结构的转型升级，不仅可以破解经济发展与资源环境之间的矛盾，而且可以实现生态文明的理想蓝图。换言之，生态文明与产业转型是一个有机整体，推动产业结

---

① 《习近平对生态文明建设作出重要指示 李克强作出批示》（http://news. xinhuanet. com/politics/2016－12/02/c_ 1120042543. htm）。

构的转型升级是建设生态文明的路径手段，而建设生态文明则是推进产业结构转型升级的方向指针。有学者指出，作为新型文明形态的生态文明对产业结构提出了新要求，这些新要求主要体现在两个方面：其一，从整个经济系统看，人类的产业活动应对自然资源的利用率达到最大化，同时对生态环境的损害达到最小化。其二，从产业的价值流程看，人类的产业活动应把产品的生产、消费、报废等整个链条对自然资源的使用和生态环境的损害达到最小。这种新要求需要合适的产业结构，从而必然推进产业结构的转型升级。① 有学者则从生态文明的视角，明确地指出建设生态文明是发展循环经济的思想基础，发展循环经济是建设生态文明的现实要求，发展循环经济正是建设生态文明的必然选择。② 有必要指出的是，虽然产业转型与生态文明之间有着密切的关系，但产业转型理论与实践的概念范畴和历史范围，远比生态文明视野下的产业转型更宽、更长。

从历史上讲，产业结构的转型升级在一定意义上甚至是导致环境危机和生态危机的根源，从而也在一定意义上成为生态文明建设的背景。党和国家之所以提出建设生态文明，很大程度上是因为 20 世纪中国产业结构从第一产业向第二产业转型升级，农村劳动力向城市转移与城市工业生产的规模比重日益上升的过程中，由于生产者忽视了经济结构内部各产业之间的有机联系和共生关系，忽视了社会经济系统和自然生态系统间的物质、能源和信息的传递、迁移、循环等规律，采取粗放的生产方式把不断投入的资源持续不断地变成废弃物，从而使得自然环境惨遭破坏并且致使资源枯竭和生态恶化之故。③ 可见，产业结构转型的概念内涵是非常丰富的，产业结构转型与生态文明之间的关系远非一般表述那样简单，而是相当复杂的。换言之，在生态文明视野下的产业转型，虽也落在通常所谓的产业转型的概念范畴之内，但指向的却是特定形态或阶段的产业转型，更确切地说，就是指向前述的所谓循环经济或产业结构的生态化转型。与在现代化进程中"先行一步"的西方国家

---

① 赵西三：《生态文明视角下我国的产业结构调整》，《生态经济》2010 年第 10 期。

② 孟赤兵：《发展循环经济是建设生态文明的必然选择》，《再生资源与循环经济》2008 年第 4 期。

③ 邓伟根：《20 世纪的中国产业转型：经验与理论思考》，《学术研究》2006 年第 8 期。

更早面临的环境与生态危机一样，产业结构转型升级是西方工业化国家更早遭遇到的问题。与此相对应，西方国家也更早地展开了关于产业转型的研究，积累了相对丰富的相关研究成果。因此，在对以往有关产业转型的研究文献进行综述时，我们也将首先考察西方产业结构转型升级的历史实践，继而再考察国内关于产业转型的相关研究成果。当然，在展开上述考察之前，我们有必要简要地回顾产业结构的相关理论发展，因为产业转型往往首先指的是产业结构的转型。

根据周毅和明君的研究[①]，17 世纪威廉·配第在《政治算术》中对资源在不同产业之间流动现象的描述，即商业比制造业、制造业比农业能够得到更多的收入，产业之间的收入差距导致劳动力在产业之间流动现象的描述，可以说是在广义上对产业结构的最早研究。到 20 世纪 30 年代，澳大利亚经济学家费歇尔根据经济活动与自然世界的关系，明确提出了对现代产业结构理论影响深远的三大产业分类法。在费歇尔看来，取自自然的农业可以称为第一产业，从自然界取得生产物的产业可以称为第二产业，第三产业则是繁衍于有形物质生产活动之上的无形财富的生产部门。这里所谓的三大产业分类，在很大程度上就是通常所谓的农业、工业与服务业三大产业类型的理论原型，也是通常所谓的产业结构转型升级涉及的产业结构类型。20 世纪 40 年代，英国经济学家克拉克受威廉·配第对资源在产业间流动观点的启发，以费歇尔的三大产业分类法为基础，研究了资源在三大产业之间流动的现象，提出了所谓的"配第—克拉克定理"。该定理发现随着经济发展与人均收入水平的提高，劳动力首先从第一产业流向第二产业，继而流向第三产业，并由此论证了需求总量与结构变动对产业转型的影响，即"人均收入增减—需求层次变动—产业转型—劳动力产业之间转移"。20 世纪五六十年代，在克拉克关于资源在产业间流动与产业结构研究成果的基础上，美国经济学家库兹涅茨在《各国的经济增长：总产值和生产结构》一书中，论证了产业结构及其转型对经济增长的影响。后来，爱德华·丹尼森、钱纳里、罗斯托和霍夫曼等又在以往研究的基础上，对产业结构、产业结构转型和经济增长等问题进行了更深入的研究，从而为关于产业

---

① 周毅、明君：《中国产业转型与经济增长的实证研究》，《学术研究》2006 年第 8 期。

结构及其转型的研究奠定了基础。

在西方经济学形成产业结构及其转型的相关理论的同时，西方经济也面临着产业结构转型升级的问题。根据吴春莺的考察[1]，早在20世纪20年代，在已经实现工业化的资本主义国家内部，开始出现了老工业区的衰退现象，如英国的北英格兰、北爱尔兰、威尔士、苏格兰地区以及美国的新英格兰地区。20世纪30年代的资本主义经济大危机，使这些萧条地区和贫困地区的经济状况更加恶化，致使区际经济的两极分化加剧。这种情况引起了许多国家的关注。1936年英国成立了巴洛委员会，旨在遏制产业与人口过度向以伦敦为中心的英格兰东南部地区集中，并通过建立工业开发区、税收优惠等手段促使产业向北英格兰、北爱尔兰、威尔士、苏格兰等萧条区分散。美国在1941年成立了田纳西河流域管理局，目的是对这个因棉花凋敝、河流泛滥成灾而陷于困境的区域，开展以水土整治为中心的多目标开发。这种老工业区出现衰退，政府采取经济政策促使产业转移，多目标开发新产业的做法可以视为产业转型的最初尝试。19世纪末至20世纪五六十年代，借助丰富的煤矿、铁矿等自然资源和便利的交通，包括伊利诺伊州、印第安纳州、密歇根州、俄亥俄州和宾夕法尼亚州在内的美国东北部的五大湖区的工业迅速崛起，以采矿、冶金、机器制造、汽车制造、船舶制造等为支柱产业的该地区，一度成为美国的经济中心，并被称为"制造带"[2]。但是随着以服务业为代表的第三产业兴起，该地区的制造业开始衰落，产业的衰落进而导致人口的迁出，曾经辉煌的都市只剩下锈迹斑斑的、被遗弃的工厂设备，因而被称为"锈带地区"[3]。然而，经过成功的产业结构调整后，"锈带地区"在20世纪90年代重新崛起，令世人瞩目。如今，"锈带地区"经济发展、百姓生活水平和环境保护等方面均与美国其他地区无多大区别，"锈带"蜕变为"绣带"[4]。美国五大湖区

---

① 吴春莺：《我国资源型城市产业转型研究》，博士学位论文，哈尔滨工程大学，2006年。

② 徐燕兰：《美国老工业区改造的经验及其启示》，《广西社会科学》2005年第6期。

③ 任华东、黄子惺：《从美国"锈带"复兴看东北老工业基地产业结构调整》，《城市》2008年第7期。

④ 吉林省委财经办课题组：《从美国"锈带复兴"看东北老工业基地振兴》，《经济纵横》2005年第7期。

从"锈带"到"绣带"的这种转变过程，可以视为产业转型的成功案例。

与国外对产业结构及其转型的理论探索和经验实践相比，不论是在理论研究还是在经验实践上，国内都起步较晚。但是从 20 世纪 80 年代初，产业经济理论开始引入我国以来，该理论就以惊人的速度在国内传播、普及，有关产业结构、产业组织、产业政策的论著不断涌现，而且出现了一批专门从事产业经济理论研究的工作者和政府产业政策研究机构。20 世纪 90 年代，随着资源型产业、资源型城市发展过程中众多问题的暴露，这一特定转型问题促进了该领域研究的深入发展。[①] 换言之，尽管相关研究在国内起步相对较晚，但由于产业转型的现实紧迫性、党和国家的高度重视以及科学研究者的积极参与，目前国内已经积累了关于产业结构转型升级的大量研究成果。这些成果对中国产业结构转型的历史过程、概念内涵和内在缺陷等做出了充分阐述，从而为探究产业转型的地方实践经验奠定了坚实的基础。

就产业结构转型的历史过程而言，有学者追溯了 20 世纪以来中国产业结构转型的历史进程，认为这个历史进程大致经历了"近代中国工业的初步建立与发展时期"（1895—1927 年）、"近代中国工业自主发展时期"（1928—1936 年）、"抗战及恢复战后和内战时期"（1937—1949 年）与"中华人民共和国成立后产业体系的建立和发展以及改革开放以来产业转型"（1949—2006 年）四个阶段。具体就中国产业结构转型的第四个阶段来讲，自中华人民共和国成立后到改革开放前 30 年，中国形成了一个基本完备的工业体系，但产业结构向重工业倾斜，运行效率较低。1979 年改革开放以来，中国产业发展进入产业结构纠偏时期。1985 年至 1992 年是中国非农产业发展较快的阶段，第二产业 GDP 和就业的比重变化不大，第三产业 GDP 和就业比重快速上升，但第三产业的发展带有诸如补偿性发展不足、调整比例关系等特征。1993—2006 年是我国重化工业主导阶段，产业结构发生显著变化，基础设施建设加强。这个阶段的产业转型有明显的重化工业主导的特征，诸如电力、钢铁、机械设备、汽车、造船、化工、电子、建材等工业成为国民经济成

---

① 吴春莺：《我国资源型城市产业转型研究》，博士学位论文，哈尔滨工程大学，2006 年。

长的主要动力。但是该阶段形成的产业结构导致能耗高、污染大，呈现出缺乏效率的虚高度化特征。[1] 在我们看来，除上述 4 个产业结构转型阶段之外，从 2007 年开始中国的产业转型进入第五个阶段，也就是在前一阶段能耗高和污染大的背景下向产业结构生态化的转型升级，这个阶段恰恰是作为本书所关注的生态文明视角下的产业结构转型。正是在资源约束趋紧、环境污染严重和生态系统退化，我国产业结构转型升级的呼声越来越高的背景下，2007 年党的十七大报告提出建设生态文明，基本形成节约资源和保护生态环境的产业结构、增长方式和消费模式的战略要求。我国第一次确立了建设生态文明的目标，并强调了产业结构在其中的重要作用。[2] 由此而来，自 2007 年开始，中国进入产业结构转型的第五个阶段，也就是在生态文明视角下的产业结构生态化转型阶段。

就产业转型的概念内涵而言，虽然不同学者从不同的视角做出了不同的探索，从而使得目前关于产业转型尚未形成比较权威而统一的界定。但是从已有的研究文献来看，大致可以发现以往的研究主要是从广义与狭义两个层面对产业结构转型做出界定的。从广义上看，以从澳大利亚经济学家费歇尔的"三大产业分类法"而来的现代产业结构理论为基础，产业转型主要指的是国民经济的支柱产业在三大产业之间的转移，也就是三大产业之间相对比重的变动与产业结构的重组。当然，在上述这种一般的比例与结构的重构重组之下，产业结构还包含着更具体而丰富的内涵。有学者认为，产业转型是指三次产业在国民经济中的主导作用发生决定性转变的过程，是生产要素的替代及其在变化环境下的重新组合。[3] 有学者认为，产业转型是旧产业退出、新产业替代或通过技术升级以完成产业结构升级的过程。从表面上看，产业转型是产业类型或产业发展阶段的转变；从深层来看，产业转型的本质是原有要素在变化环境下的重新组合。[4] 还有的学者认为，产业转型就是产业结构的

---

① 邓伟根：《20 世纪的中国产业转型：经验与理论思考》，《学术研究》2006 年第 8 期。

② 黄志红、任国良：《基于生态文明的我们产业结构优化研究》，《河海大学学报》（哲学社会科学版）2014 年第 12 期。

③ 潘伟志：《中心城市产业转型初探》，《兰州学刊》2004 年第 5 期。

④ 姜琳：《产业转型环境研究》，博士学位论文，大连理工大学，2002 年。

重构，其本质上不是某些产业部门之间简单的比例变化，而是以主导产业部门的更迭为特征的结构上的飞跃式变化，主要包括产业结构的高效化和产业结构的高度化两个方面的内容。① 从广义上来理解产业转型的文献绝不只这些，但在已有文献对产业转型的广义界定中，我们不难发现一种与三产比重变化相关的普遍的共性，那就是产业结构的转型往往意味着产业结构的升级。对产业转型内涵狭义上的界定，则是从不同的具体层面理解产业转型的概念含义。比如，有的学者从企业的层面来理解产业转型，认为产业转型是资源枯竭型企业通过发展"接替产业"，逐步摆脱对于原矿产资源的依赖，"以进为退"，"循序渐退"以实现"非资源化"退出的过程。② 有学者则从城市的层面来理解产业转型的内涵，认为产业转型是城市内部的产业随外部环境变化，而根据自身条件和外部环境选择合适转型模式的动态过程。③ 无疑，上述关于产业转型的广义与狭义的界定，都对产业转型的内涵做出了充分诠释，从而为我们探究在生态文明建设视野下工业园区的产业转型奠定了基础。

总的来说，通过考察产业转型的概念内涵、产业结构及转型的理论脉络，尤其是国内外产业结构转型的历史经验与过程阶段，我们在很大程度已经对产业结构转型有了相对充分的认识和理解，从而在一定意义上为对工业园区产业转型的探索奠定了坚实的基础。然而，为使我们对产业转型之地方实践的探索建立在更明确的框架下，需要对所要考察的产业转型本身的特殊性做出进一步的澄清。尽管不论是从广义上还是狭义上对产业转型的界定，都有助于我们对产业结构转型内涵的认识和理解。但是相对于从企业或城市等层面对产业转型的狭义界定来讲，更契合我们研究的产业转型内涵应该是从广义上对产业转型的界定或作为国家政策战略的产业转型。因为我们对工业园区产业转型的考察是在生态文明的视角下展开的，而生态文明在党的十六大、十七大和十八大的强调下，已经成为党和国家的重大战略政策。当然，我们考察的对象主要

① 姚晓艳：《高新区建设和关中经济带产业转型与空间重组》，博士学位论文，西北大学，2004年。
② 于立、姜春海：《资源型城市产业转型应走"循序渐转"之路》，《决策咨询通讯》2005年第5期。
③ 张米尔：《西部资源型城市的产业转型研究》，《中国软科学》2001年第8期。

是苏南工业园区的产业转型实践，这种转型实践可能更多地受到省市等地方政府产业政策的影响，但省市的地方产业转型政策显然是党和国家战略政策的具体落实。

此外，这种在生态文明建设视角下的广义产业结构转型有其特殊性，正如前文在追溯 20 世纪以来中国产业结构转型的历程时已经指出的那样，主要是指 2007 年党的十七大以来的、可谓中国产业转型之第五阶段的产业结构生态化转型。最后，有必要指出的是，以往关于产业转型的研究成果显然不只是涉及上文综述的这些方面，而是广泛涉及产业转型的政策措施、模式路径和转型中的弊端不足等方面。对于已有文献关于这些方面的探讨，以上综述虽没有明确地涵盖但也或多或少地涉及，而且在接下来对生态文明建设与产业结构转型路径对策的综述中，还将有所阐述。

四 生态文明建设的路径对策

以往关于"生态文明"与"产业转型"的研究文献，除了对生态文明的概念内涵、基本维度和主要特征，产业转型的概念内涵、历史进程和理论脉络展开了充分的阐述外，还存在着关于生态文明建设与产业结构转型之路径对策的大量相关研究。这些相关研究从不同角度对不同地区的生态文明建设与产业结构转型的实践经验做出了丰富的总结与提炼，从而为我们探究生态文明建设视角下的产业结构转型的地方实践经验提供了坚实的基础。

首先，就"怎样建设生态文明"的问题来讲，以往研究已经对生态文明建设的路径与对策做出了大量的探索。根据李校利[①]的总结，比较有代表性的推动生态文明建设的现实途径与基本措施主要包括：(1)"三平台说"。其一，发展循环经济的经济平台以通过市场这只无形的手推动生态文明建设。其二，依靠政府和社会组织建设制度、机制、政策、法律、教育和道德的平台，以有形的手来推动生态文明建设与发展循环经济。其三，建立既能节约和重复利用资源、优化和梯级利用能源、开发可再生能源和实现污染的源头治理，又有显著经

---

① 李校利：《生态文明研究新进展》，《重庆社会科学》2010 年第 3 期。

济效益的工程技术平台，以生态环保技术推动生态文明建设。（2）
"机制建构说"。在活化人的生存与发展的基础，包括物质技术基础、
精神运作机制和政治保证基础上，积极主动地认识、体验人与自然、
人与社会、人与人多重关系的生态和谐的人，通过整合机制的建构建
设生态文明。（3）"多层次发展说"。建设生态文明，必须在科学层
次上认识生态，在系统层次上管理生态，在工程层次上建设生态，在
社会层次上宣传生态，在美学层次上品味生态。（4）"注重理念说"。
建设生态文明，必须要确立建设生态文明与实现人民群众的根本利益
相统一的认识和理念、科学的循环社会理念、全球生态环境问题和地
域生态环境问题相统一的理念。遵循和顺应民生逻辑，消除资本逻辑
及其对社会生活的异化，以有理念的循环社会取代无理念的循环经
济。（5）"生态主导说"。建设生态文明，一是要建立生态化的社会
体系，二是要形成生态化的社会结构，三是要确立生态化的社会理
想。（6）"五力模型说"。建设生态文明要形成"五力模型"以形成
合力，这"五力"分别是加强生态理论建设以展现"张力"，开展生
态思想建设以增强"引力"，深化生态产业建设以发挥"动力"，创
新生态制度建设以形成"推力"和坚持生态行为的建设以运用"弹
力"①。很显然，上述 6 套建设生态文明的路径策略具有一个显著的特
征，即都是比较完整的、有结构层次的措施体系。

　　与上述这些建设生态文明自成体系的路径策略相比，不乏学者从特
定的角度出发提出建设生态文明的政策措施。一是从生态文明观念的角
度，有学者认为建设生态文明必须以科学发展观为指导，从思想观念上
实现三大转变：从传统"向自然宣战""征服自然"的理念向树立"人
与自然和谐相处"的理念转变；从粗放型的以过度消耗资源、破坏环境
为代价的增长模式向增强可持续发展能力、实现经济社会又好又快发展
的模式转变；从把增长简单等同于发展、重物轻人的发展向以人的全面
发展为核心的发展理念转变。二是从经济发展方式的角度，有学者指出
发展循环经济是目前重要的战略选择。传统经济是由"资源—产品—废
物"构成的单向物质流动，造成自然资源的粗放式、高强度开采和生产

---

① 　钱俊生：《怎样认识和理解建设生态文明》，《半月谈》2007 年第 21 期。

加工过程污染废物的大量排放。循环经济是组成"资源—产品—再生资源"的循环流动过程,上游生产的废物成为下游生产的原料,倡导"减量化、再利用、资源化",使经济系统及生产和消费的过程基本上不产生或只产生很少的废弃物。① 三是从政策力度的角度,有学者指出要综合运用价格、税收、财政、信贷等经济政策,按市场规律调节市场主体,实现经济建设与环境保护协调发展。与传统行政手段的外部约束相比,环境经济政策是一种内在约束力量,有促进技术创新、增强市场竞争力、降低环境治理与行政监控成本等优点,政府要加大政策推动力度②。四是从生态治理的角度,有学者指出我国要像控制人口、保护耕地一样,实行最严厉的环境保护制度。凡是污染严重的落后工艺、技术、装备、生产能力和产品一律淘汰,凡是不符合环保要求的建设项目一律不允许新建,凡是超标或超总量控制指标排污的工业企业一律停产治理,凡是未完成主要污染物排放总量控制任务的地区一律实行"区域限批",凡是破坏环境的违法犯罪行为一律严惩。③ 当然,除从上述视角来探讨生态文明建设的举措外,还有从其他角度来探究生态文明建设的文献。与上述研究成果一样,那些研究也为我们探索生态文明视角下工业园区的产业转型提供了有意义的启示。

其次,就如何"推进产业结构转型升级",以往的研究业已对产业转型的路径对策做了大量的探索。与其他学者的研究成果相比,邓伟根④在总结已有经验时概括的所谓"一转四化"的产业转型模式,可以说是一种相对比较系统的产业转型路径策略。所谓的"一转",即"产业梯度性转移",指的是处于城市密集带的中心城市或经济高度发展的区域,由于经济实力和技术创新能力较强,其主导的专业化部门常常处于创新阶段和发展阶段前期,新产业部门、新产品、新技术等创新活动常常源于高梯度地区,因此,随着时间的延伸和生命周期循环阶段的变化,衰退的部门、产品、技术逐步由高梯度地区向低梯度地区转移的现

① 张俊杰、朱孔来、宋真伯:《论建设生态文明与走新型工业化道路和大力发展循环经济三者之间的关系》,《山东商业职业技术学院学报》2006年第8期。
② 任勇:《践行科学发展推进生态文明》,《中国环境报》2007年10月30日。
③ 周升贤:《走和谐发展的生态文明之路》,《环境保护》2008年第1期。
④ 邓伟根:《20世纪的中国产业转型:经验与理论思考》,《学术研究》2006年第8期。

象。所谓的"四转",分别是指"产业集聚化""产业园区化""产业融合化"与"产业生态化"。所谓的"产业集聚化",是产业呈现区域集中发展的态势,指的是在某个特定产业中相互关联的、在地理位置上相对集中的若干企业和机构的集合。所谓的"产业园区化",是指从功能和技术层次而言,产业结构转型呈现出簇群式的集约,从产业的空间布局来看,产业结构转型呈现出园区化的集约特点。产业集聚必然伴随产业空间上的集约,各种园区就是产业集聚的空间结果。所谓"产业融合化",是指发生于产业间的技术、业务和市场的融合,技术融合是产业融合的内在原因和前提,业务融合是产业融合发生的过程和必要准备,市场融合是产业融合的最终结果。所谓"产业生态化",是指由于传统的经济增长模式忽视了经济结构内部各产业之间的有机联系和共生关系,忽视了社会经济系统和自然生态系统间的物质、能源和信息的传递、迁移、循环等规律,致使资源枯竭和生态恶化,从而使人类意识到生态恢复、环境净化和资源保护,才能保证人类可持续发展,使人类从片面追求经济利益为导向向追求社会、经济和环境综合效益为导向的模式转变,人工产业系统从反生态特征向生态特征回归的过程。值得指出的是,上述"四化"中的"产业园区化"与"产业生态化",对我们探究生态文明视野下工业园区的产业转型颇有启发意义。

除这种相对比较系统的产业转型路径策略之外,以往研究中也不乏学者从特定角度探讨产业转型的路径与对策。就资源型城市的产业转型而言,有学者指出资源型城市的产业结构转型升级,需要实现四种新旧转变,即"产业结构向多元化结构转变""所有制结构向多种所有制并存转变""经营方式向集约化经营方式转变"与"区域经济社会管理系统要打破条块分割和部门封锁向一体化系统转变"[1]。有学者则指出了以技术创新实现资源型城市产业转型的对策,指出资源型城市应增强技术创新主体的实力,密切创新系统内部各主体之间及其与外界的联系,实现技术创新资源的合理配置,以实现产业结构的转型升级。[2] 就国外

---

① 吴奇修:《资源型城市产业转型研究》,《求索》2005 年第 6 期。
② 王元月、马蒙蒙、张一平:《以技术创新实现我国资源型城市的产业转型》,《山东社会科学》2002 年第 2 期。

产业转型经验对中国产业转型的启示意义而言，有学者考察了国外政府
创新促进产业转型的经验，指出当前中国政府可以从以下方面着力以创
新解决产业转型升级的问题："保持稳定的科技创新投入，为产业的转
型和发展积累充足的创新成果"，"强化产业技术政策，使创新能真正
有效地作用于产业转型"，"因地制宜，区别对待不同地区不同产业的
产业转型需求"，"切实鼓励产学研合作，为创新成果真正促进产业转
型与发展创造良好条件"，"重视依托中小企业创新，以促进产业转型
与发展"①。由此可见，以往的大量研究已经从不同的角度探讨了产业
结构转型的对策，从而在一定意义上为我们探讨生态文明视角下工业园
区的产业转型奠定了坚实的基础。

　　值得指出的是，除学者从不同的角度提出促进产业结构转型的对策
之外，党、国家和各级地方政府也纷纷出台了推动产业转型升级的方针
政策。江苏省在 2011 年出台了《产业转型升级工程推进计划》，对江苏
产业向何处转型与如何转型升级的问题做出了部署。在这份产业转型升
级推进计划中，提出的路径策略包括：坚定不移地把优化产业结构作为
转型升级的主攻方向，拓展产业升级"三大计划"内涵，加快构建以
高新技术产业为主导、服务经济为主体、先进制造业为支撑、现代农业
为基础的现代产业体系；把培育壮大新兴产业作为抢占未来发展制高点
的重要途径，着力形成市场规模优势和技术领先优势，特别是尽快掌握
一批具有战略意义的核心技术，增强对产业链中最具附加价值和影响力
环节的控制力；把大规模改造传统产业作为提升产业整体竞争力的重要
内容，顺应工业化和信息化融合的趋势，广泛运用信息技术提高装备和
工艺水平，提高产品附加值和产业竞争力；把加快发展现代服务业作为
产业结构调整的重中之重，扎扎实实地推进各项重点任务和关键举措的
落实，进一步实现服务业发展提速、比重提高、结构提升。② 与党和国
家出台的相关政策对全国产业结构转型升级有着重要的指导意义一样，
江苏省出台的《产业转型升级工程推进计划》对江苏省的地方产业结

---

① 徐峰、杜红亮、任洪波、王立学：《国外政府创新促进产业转型的经验与启示》，《科
技管理研究》2010 年第 16 期。

② 谢忠秋、陈晓雪、黄瑞玲：《江苏城市转型与产业转型协调发展研究》，《江苏社会科
学》2013 年第 6 期。

构转型升级指明了方向，也深刻地影响了我们旨在考察的苏南工业园区的产业转型实践。

总的来说，学术界已经从国家层面、地域层面和城市层面上，考察了生态文明建设与产业结构转型，取得了比较丰富的研究成果。但是围绕工业园区的生态文明建设与产业转型研究，成果较少，仍然有很多深层次议题亟待展开。一是国内外工业园区生态文明建设的理论与实践研究亟须加强。关于生态现代化理论需要进行深入研究、深度解读并结合中国实践、苏南实践进行本土化提炼，关于国外先进工业园区的生态文明建设经验需要进行系统的梳理。二是苏南工业园区产业转型与生态文明建设的社会机制研究亟须加强。现有成果主要是对生态文明建设目标、理念等的整体分析，或者是对某个省、市或生态工业园区的案例进行研究，缺乏对工业园区生态文明建设的社会机制研究。比如，苏南工业园区产业转型与生态文明的制度设置、技术路径、社会逻辑如何？如何通过宏观政策分析与微观案例分析相结合，进行充分呈现？三是对工业园区生态文明建设中政府治理的分析也亟须加强。生态文明建设作为"五大建设"之一，实质是如何构建一个有效的生态文明建设的体制机制的问题。因此，关于工业园区中生态文明建设的政府治理需要更加深入的研究。我们关于生态文明建设视角下苏南工业园区产业转型研究，既建立在以往有关生态文明建设与产业结构转型的丰富的研究成果的基础上，又致力于弥补以往关于生态文明建设与产业结构转型研究中存在的问题，争取向前有所推进。

第三节　研究内容与方法

一　研究内容

本书分为六个章节。第一章主要是研究理论和方法的准备，介绍研究背景和研究区域。为破解"在经济发展与生态环境之间找到平衡从而实现双赢"的难题，党和国家出台了一系列旨在推进"产业转型升级"与"生态文明建设"的重大决策部署。本书选取南京的经济技术开发区、高新技术产业开发区和化学工业园区三个国家级开发区，苏州选取作为中新合作典范的苏州工业园区，无锡选取以环保为特色的中国宜兴环保科技工业园，常州选取武进高新技术产业开发区、镇江选取镇江经济技术开发区作为研究案例详细介绍。在对环境保护与生态文明兴起、生态文明与产业转型的学术脉络以及路径对策领域研究文献梳理的基础上，提出了"三个亟须加强"的论断，即国内外工业园区产业转型与生态文明建设的理论与实践研究亟须加强、苏南工业园区生态转型的社会机制与路径研究亟须加强、对工业园区生态文明建设中政府治理的分析亟须加强。

第二章主要是梳理国内外工业园区生态文明建设的实践及其经验启示。利用比较的视野探讨国内外工业园区生态文明建设实践对苏南的启示。国外工业园区选择美国"锈带地区"、日本京滨工业区和德国鲁尔区的产业转型与生态文明建设实践为分析对象，介绍了发达国家在生态文明建设方面的先发经验。然后转向国内，首先从总体分析我国生态工业园建设的发展历程，接着梳理了苏南所在的江苏省的生态文明建设实践，分别分析了浙江和江西的生态文明建设实践。

第三章、第四章和第五章着重分析产业转型的社会机制。其中，第三章从产业转型的制度环节分析苏南工业园区如何走向生态文明建设。从制度环节来看，产业转型既涉及制度约束，又涉及制度激励。在很大程度上，正是相关制度的倒逼机制，使得产业转型升级不断推进，并促使地方政府出台相应的配套制度。在新的历史起点上，苏南工业园区的产业转型面临着很多现实压力，既存在经济发展与污染物排放间的矛盾，又存在经济下行的压力。因此，为推动苏南工业园区新一轮的产业转型升级，需要进行相应的制度优化和制度革新。第四章从清洁生产、低碳排放和循环经济等维度阐述产业转型的技术因素，第五章则从经济优势、政策倾斜和人文生态等维度阐述产业转型的社会逻辑。

第六章在评述西方生态现代化理论的基础上，提出了解释中国当前环境污染的"政绩跑步机"框架，提出促进苏南工业园区环境治理的对策建议。生态现代化理论作为伴随西方现代化理论的衍生产物，虽然受西方国家资本主义经济、政治和体制的制约，具有局限性，但作为一种分析现代工业社会发展的基本维度，具有规范性的理论特质。由于受现代化进程的发展制约，我国的生态现代化依然是以经济发展为主、生态保护为辅的现代化,西方的生态现代化理论虽有一定的解释力,但是无法解释当前中国环境污染久治不愈的现实。环境污染为什么久治不愈?本书提出用"政绩跑步机"理论框架来解释环境污染问题。地方政府需要应对政绩考核,应对财税压力和防范产业空心化等问题,这恰恰是环境污染久治不愈的症结所在。最后,本书从科学规划、创新体系、技术驱动、政府扶持、企业参与、集约用能、森林碳汇和宣传教育 8 个方面提出了推进苏南工业园区生态文明建设的对策建议。

二　研究方法

(一)　文献研究

本书首先对国内外相关文献进行收集与梳理。在中国知识资源总库、维普资讯网、读秀学术搜索平台等数据库,国外的 Ebsco、Black-well、Springer Link、John Wiley 等综合性数据库以及各类搜索网站上,围绕"产业转型"与"生态文明"两个方面,系统梳理国内外有关生态文明建设,特别是工业园区生态文明建设的研究文献,明确以往对推进产业结构转型升级与生态文明建设的研究成果,并分析其存在的局限性。

其次,对苏南工业园区发展特别是其生态文明建设的相关档案资料以及政府文件进行收集与整理,厘清苏南工业园区生态文明建设的实践经验和不足。本书利用江苏省统计年鉴数据,描绘了苏南工业园区的环境库兹涅茨曲线,通过各种数据的分析,更为清晰地反映当前苏南工业园区的污染现状,及其与经济发展之间的关系,从而为我们的研究提供方向性的指导。

(二)　实地研究

本书的主要资料获取方式为实地研究方式。具体而言,主要是通过访谈和观察,对南京经济技术开发区、苏州工业园区和中国宜兴环保科技工业园等苏南 7 个工业园区开展深入的案例研究。研究者在课题启动后,通过苏南工业园区的各位联系人,陆续收集了园区的年度总结、生态文明建设方面的创新做法等相关文件。在此基础上,通过联系人的协调,在南京经济技术开发区等工业园区开展多人座谈会,参观园区的生态文明建设点、产业转型较好的企业、污水处理设施等，重点对上述工业园区开展生态文明建设的经验特别是可以推广的经验进行调研，对存在的问题特别是体制机制方面的问题进行研究。

第二章

国内外工业园区的产业转型
与生态文明建设

　　人类社会的工业化进程始于西方社会，瓦特的蒸汽机预示着工业革命的变革之声。历史上的三次工业化进程，使得西方社会率先实现了现代化。然而，西方式的工业化、现代化模式并非现代化的唯一路径，该模式所产生的弊病已广为人知，其中对生态环境的破坏更是令人触目惊心。西方国家在第三次工业革命中倡导的"生态现代化"维度，正是对以往经济发展模式的反思而形成的。一些西方发达国家，如美国、日本、德国等国家的产业转型与生态文明建设取得了良好的成效，它们已经成为发展中国家效法的"标本"。而国内，随着"美丽中国"概念的提出以及生态文明建设的快速推进，各地呈现出不同特点的生态文明建设样态，江苏、浙江与江西的生态文明建设实践是其中的典型代表。

第一节　国外工业园区的产业转型与生态文明建设

一　美国"锈带地区"的产业转型与生态文明建设

　　所谓的"锈带地区"，是指美国东北部的五大湖区，包括宾夕法尼亚州、伊利诺伊州、俄亥俄州、密歇根州和印第安纳州。19世纪末至20世纪五六十年代，借助丰富的煤矿、铁矿等自然资源以及五大湖便利的交通，该地区工业迅速崛起，并且一直以来都是美国的经济中心、重工业与制造业中心，交通枢纽芝加哥、"汽车城"底特律、"钢都"

匹兹堡是该地区的核心城市。其支柱产业为采矿、冶金、机器制造、汽车制造、船舶制造，因而该地区也被称为"制造带"①。然而，随着以服务业为代表的第三产业开始兴起，该地区的制造业开始衰落，产业的衰落进而导致人口的迁出，曾经辉煌的都市只剩下锈迹斑斑、被遗弃的工厂设备，因而该地区又被称为"锈带地区"②。在经历了成功的产业结构调整之后，"锈带地区"在20世纪90年代重新崛起，令世人瞩目。如今，"锈带"工业区的经济、社会以及生态领域等诸多方面与美国其他地区无多大区别③，曾经的"锈带"已经蜕变为今日的"绣带"。

"锈带地区"的产业转型经验，总结起来有以下几点。首先是重组制造业，发挥产业集聚效应。如何对传统的制造业进行产业升级改造，一直是困扰老工业区的老大难问题。"锈带地区"的做法是，对传统制造业进行整合，发挥产业集聚效应。在制造业占强大优势的地区和城市，通过企业改造和结构性调整，使其优势进一步得到提升，以带动其他区域的经济发展。以汽车产业为例，美国全国的汽车产业之前处于各自分散、自由发展的状态，而将其集中于底特律地区之后，通过集中生产、技术改造、分工细化、提高生产率、产品升级等手段，底特律逐渐巩固了自己在汽车制造领域的领先地位，成为遐迩闻名的"汽车城"。

其次是大力发展以服务业为代表的第三产业。第三次工业革命以来的产业发展趋势，便是制造业在经济中的比重下降，以服务业为代表的第三产业崛起。"锈带地区"顺应趋势，在巩固和提升原有优势制造业的同时，实施经济结构性转型，大力发展金融、通信、旅游、医疗等服务业，产业结构逐渐由工业型变为服务型。中心城市在制造业外迁的过程中，很多大都市区成功地由制造业中心转变为管理商务、贸易、咨询、旅游等服务业中心，如印第安纳波利斯成为体育旅游中心和空运与维修中心，底特律为汽车业研发中心，芝加哥为会展中心等。④

---

①　徐燕兰：《美国老工业区改造的经验及其启示》，《广西社会科学》2005年第6期。

②　任华东、黄子惺：《从美国"锈带"复兴看东北老工业基地产业结构调整》，《城市》2008年第7期。

③　吉林省委财经办课题组：《从美国"锈带复兴"看东北老工业基地振兴》，《经济纵横》2005年第7期。

④　高相铎、李诚固：《美国五大湖工业区产业结构演变的城市化响应机理辨析》，《世界地理研究》2006年第1期。

　　再次是"锈带地区"的复兴得到了中央政府的财政支持。虽然美国是以自由市场机制为主体的,但对于老工业区的扶持离不开美国联邦政府的大力支持,尤其是财政扶持。例如,针对国外钢铁行业对国内的巨大竞争压力,政府实施了钢铁进口的限额控制以及价格控制,出面实行保护制造业的国内市场,限制进口的措施。此外,政府还对转型中的传统产业提供资金支持与金融服务。同时实行减税和扩张的财政政策,放宽政府对经济活动的管制,放宽甚至取消了一系列妨碍经济发展的制度与政策,如"放宽了 180 多项有关环境污染、工矿安全的规章条例等"①。除了资金支持,政府更是从制度的完善、法律的制定等方面为"锈带地区"构建了一个利于投资的资本环境,并且还致力于培养产业发展的各方面人才。正是这一系列的努力,为"锈带地区"的复兴提供了良好的制度支持与人力支持。

　　最后是"锈带地区"在产业转型的过程中,非常注重技术创新。"锈带地区"的各州非常注重技术创新对产业转型的推动。例如,伊利诺伊州大力推动制造业的多元化发展,其食品加工业、以电脑等电子产品制造为核心的信息技术产业逐渐屹立于该州的经济版图之中。密歇根州则大力推动生命科学产业的发展,密歇根大学和范·安德尔研究所逐渐成为闻名全美的生物科学研究和制造中心,各大学以及私营企业用于生命科学的研究费更是逐年递增。生命科学的研发与产业实力已位居全美前列。通过科技创新,原本单一以制造业为核心的产业格局逐渐演变为多元化的产业格局。

　　在环境保护与生态文明建设方面,美国的生态环境保护管理机构分为联邦政府与各州政府。联邦政府制定了一系列与环境相关的法律法规,尤其是 1969 年制定的《国家环境政策法》,标志着美国的环境治理进入了一个全新的阶段。联邦政府层面的环保管理机构包括:美国环保局、国家环境质量委员会、总统可持续发展委员会、内政部、能源部、农业部等下属机构。州政府层面的环保管理机构包括:各地环保局和环境质量委员会以及可持续发展委员会。

　　美国在生态环境治理方面的一大创新,便是建立生态工业园(EIP:

---

　　①　徐燕兰:《美国老工业区改造的经验及其启示》,《广西社会科学》2005 年第 6 期。

Eco-Industry Park)。关于什么是生态工业园，1996 年 10 月美国总统可持续发展委员会是这样界定的："生态工业园是一个经过对原材料和能量交换进行精心规划过的工业系统。在这个系统内，通过尽可能少地投入能量和原料而实现废物产生的最小化，从而建立经济、生态和社会的可持续发展。"1998 年，美国环保局给出了一个更为具体的定义：生态工业园是一种由制造业和服务业所组成的产业共同体，它们通过联合来共同地管理环境与物资流动，从而致力于提高环境与经济绩效。通过联合运作，产业共同体可以取得比单个企业通过个体的最优化所取得的效益之和更大的效益。简单地讲，所谓的生态工业园，是一种"由制造业和服务业所组成的产业共同体，它们通过在环境及物质的再生利用方面的协作，寻求环境和经济效益的增强"[1]。EIP 的最终目的是创造循环经济的模式，促进可持续发展。

从 20 世纪 70 年代开始，美国开启了生态工业园建设的探索。20 世纪 90 年代以来，生态工业园在美国得到了长足发展，并取得了显著的效果。在美国的生态工业园实践中，逐渐形成了三种生态工业园模式：改造型生态工业园、全新规划型生态工业园、虚拟型生态工业园。[2]

（一）改造型生态工业园

改造型生态工业园的突出特征是，通过对现有企业进行技术改造，实现废旧物的循环利用。例如，改造废弃工厂，对废水进行循环利用等，以实现减少污染和增进效益。恰塔努加（Chattanooga）是改造型生态工业园的代表。恰塔努加位于田纳西州，它曾经是一个以污染严重闻名的制造业中心。在该园区的改造过程中，杜邦公司的尼龙线头回收逐渐实现企业零排放，旧有的钢铁铸造车间变成一个用太阳能处理废水的生态车间，肥皂厂在生产中循环利用废水，紧临肥皂厂的工厂则以肥皂厂生产过程中的副产物做原料。整个园区形成了完整的循环经济网络，不仅减少了污染，而且还带动了环保产业的发展，在老工业区发展了新的产业空间。因此，改造型生态工业园区的建设模式，对于老工业区的改造有重要的借鉴意义。对于我国而言，尤其对以东北老工业基地为代

---

① 宋海鸥：《美国生态环境保护机制及其启示》，《科技管理研究》2014 年第 14 期。
② 宋海鸥、高原：《域外生态工业园建设比较》，《企业经济》2011 年第 2 期。

表的老工业区有典范意义。

（二）全新规划型生态工业园

全新规划型生态工业园的特点是，"基于园区所在地的特定资源，采用废物资源化技术构建核心工业生态链，进而扩展成工业共生网络"①。俄克拉荷马州规划中的乔克托（Choctaw）生态工业园，是全新规划型生态工业园的典型案例。乔克托园区利用俄克拉荷马州拥有的大量废轮胎资源，采用高温分解技术可将这些废轮胎资源化而得到炭黑、塑化剂等产品，进而衍生出不同的产品链。"这些产品链与辅助的废水处理系统一起构成一张工业生态网。"② 因此，这种全新规划型生态工业园的特点，在于基于园区所在地丰富的特定资源（尤其是大量废料），采用废物资源化技术构建出全新的工业生态链，进而形成良性的工业共生网络。

（三）虚拟型生态工业园

虚拟型生态工业园的特点是，不需要企业存在于一个相对固定、封闭的园区，只需要企业之间能够实行经济循环。相对于其他类型的生态工业园，虚拟型生态工业园节省了土地改造成本。布朗斯维尔（Brownsville）是虚拟型生态工业园的代表。布朗斯维尔是美国与墨西哥边境的一个重要的交通枢纽，但是贫困与失业状况令城市发展陷入困境。在规划者对其进行规划时，将其定义为"虚拟生态工业园"。这样做的优点是，不必在园区某一固定地点重新建设企业，而是根据需要，新型工业将被充实进来，补充现存企业和增加废物交换。在园区原有成员的基础上，不断增加新成员来担当工业生态网的"补网"角色。例如，原有企业会产生废油、废溶剂、废塑料等工业废料，园区便引入废油回收厂、溶剂回收厂、塑料回收厂，以实现对这些工业废料的再利用，并与整个园区的其他企业形成经济循环。

在管理上，美国采取政府与私人部门相结合的管理方式。管理主体包括市镇政府、生态工业园的开发组织、各种产业公司以及各类社会组织，都是生态工业园的管理主体。美国对于生态环境的治理，不

①　宋海鸥、高原：《域外生态工业园建设比较》，《企业经济》2011 年第 2 期。
②　秦丽杰：《吉林省生态工业园建设模式研究》，博士学位论文，东北师范大学，2008 年。

仅限于政府行为与政策，还积极依靠市场力量，设立不同的经济措施促使企业主动守法。在鼓励企业进行各种技术创新，提供新技术、新产品的同时，政府还通过各种政策手段促使企业自愿做到环境守法。例如，美国制定的《清洁空气法》，首创了"排污权"交易的概念。在污染物总量控制的前提下，各企业排污的数量可以相互调剂。如果企业通过技术更新降低了自身的排污量，便能够获得资金支持。这种依靠市场机制的治理方式，极大地提高了企业保护环境的热情与遵守法律的意愿。

二 日本京滨工业区的产业转型与生态文明建设

日本的四大工业区分别是：京滨工业区、阪神工业区、名古屋工业区、北九州工业区。这 4 个工业区共同构成了日本的"环太平洋经济带"，该经济带占日本工业总产值的 75%，是日本名副其实的经济中心。① 其中，京滨工业区的经济总量位于四大工业区的前列。京滨工业区的支柱产业是钢铁、石油以及化工产业。京滨工业区的形成可以追溯到日本明治维新时期，二战期间由于该地区受到持续的空袭，发展遭遇停滞并在战争期间损失惨重。不过，朝鲜战争的爆发以及美军对日的大量订单给了日本重振经济的契机，工业生产规模逐渐扩大，经济逐渐得到了恢复并开始腾飞。然而，由于京滨地区偏向于发展重工业，导致在经济发展的过程中留下了严重的环境污染问题，空气污染、水污染、土地污染日益严重。而且，日本在填海造陆的过程中大量使用工业污染废弃物以及生活垃圾作为填陆原料，导致海洋生态环境也遭到破坏。20 世纪 70 年代初，日本临海工业区相继爆发了由工业污染导致的大气污染、土壤污染、水污染等一系列公害事件。20 世纪世界著名的"八大环境公害"中有 4 起发生在日本，如水俣病事件、四日市哮喘病事件、米糠油事件、骨痛病事件。作为经济大国的日本，也成为了一个"公害大国"。在京滨地区，光化学烟雾事件频现，环境污染导致的生态危机已经严重影响到了日本国民经济的可持续发展与国民健康，产业转型与

---

① 陈飞、陆伟、李健：《日本京滨临海工业区建设发展实践及启示》，《国际城市规划》2014 年第 4 期。

生态环境保护已迫在眉睫。

以京滨工业区为代表的日本产业转型升级的进程，突出表现为大力发展资本和技术密集型产业。发展重化工业带来的环境污染以及 20 世纪 70 年代爆发的石油危机，促使日本政府提出了节能减排的"知识密集型"产业政策，决定由重化工业结构调整为知识密集型工业结构。在产业结构调整的过程中，电子产业获得了极大的发展，环保节能的理念逐渐深入人心，有力遏制了环境污染的趋势。"（20 世纪）80 年代之后，日本大力提倡自主创新能力的建设，并创建了政府、企业、大学三位一体的'官产学研的流动科研体制'。通过该体制的运行，使日本在半导体、集成电路、电子技术等高科技领域快速实现突破，技术水平很快超过欧美，居世界领先地位。"[①] 进入 90 年代之后，日本又顺应时代潮流，从发展资本、技术密集型产业转变为大力扶持知识密集型产业的发展。日本在生物科技、纳米科技、信息科技、新能源、新材料领域获得了长足发展，逐渐走在世界的前列。在支持高新技术发展的同时，致力于将科技的进步与产业的发展结合在一起，努力实现科技成果在最短时间内实现产业化。

在生态环境保护方面，日本一方面通过各项立法与政策引导致力于遏制环境污染继续扩大的趋势，规范企业的生产秩序，加强企业环保意识。日本国会在 20 世纪 70—90 年代相继颁布了一系列涉及环境保护的法律条文，如《防治公害基本对策法》（1967 年）、《公害白皮书》(1969 年)、《水污染防治法》（1970 年）、《公用水面环境标准》（1971年）、《废水排放标准》（1972 年）、《大范围临海环境治理核心法》(1981 年)、《环境基本法》（1993 年）、《二噁英类对策特别措施法》(1999 年)。这些法律的出台，建立和完善了环境保护的法律体系，成为指导企业和个人行为的重要标准。另一方面，日本大力发展绿色经济、循环经济，提出建立循环型社会，努力实现资源的再利用，从而降低污染，保护生态。这其中日本在生态工业园的建设上也颇有建树，尤为引人注目。

---

① 安同信、范跃进、刘祥霞：《日本战后产业政策促进产业转型升级的经验及启示研究》，《东岳论丛》2014 年第 10 期。

作为第三代工业园区，日本的生态工业园是以循环经济理论为指导，以资源再利用、再循环为模式，以节能和环保为目标（零排放、零污染）的人工生态工业系统。① 目前日本已建成了 23 个工业生态园，其中，比较有代表性的是藤泽生态工业园和山梨县国母生态工业园。

（一）藤泽生态工业园

作为日本最早的生态工业园，藤泽（Fujisawa）生态工业园的开发者为主要生产高科技工业机器、精密电子产品和环境设备的 EBARA 公司。在 EBARA 公司的努力下，藤泽生态工业园实现了从末端治理技术向减少废物和降解废物转化的转变，逐步让 35 万平方米的工业区实现了零排放。工业区内原有的用地，无论是公用、商用还是民用，都被囊括到新的循环系统，构成了一个具有自身可持续发展能力的生态工业园。

（二）山梨县国母生态工业园

山梨县国母（Kokubo）工业园占地约 60 万平方米，共有 23 家企业，大多为电子生产商和零部件制造商。由于该工业园所在的政府辖区内缺乏工业废物处理设施，使得园区产生的废物不得不运送到其他地区处理。这个现状刺激了当地企业对园区进行生态化改造。与其他国家和地区的生态工业园相比，山梨县国母生态工业园有两个非常重要的特点。

首先，从工业园的形成过程来看，山梨县国母生态工业园的诞生完全是该区域的各个公司的主动寻求合作，最终形成了一个合作共同体，因此，它的形成是企业为了实现共赢而自然演化的，并无政府或企业的规划。合作体成立之初，是为了有效处理园区管理以及社区公共利益，而后为减少废弃物的同时获得经济利益，共同体逐渐形成了如今的生态工业园。合作体成员通过研究发现，纸张是合作体成员企业中产生最多的废物，因此，园区建立了废纸收集和循环利用系统。之后，"园区实施了食物堆肥计划，堆肥所使用的食物是工业园内 2500 名雇员每天集体用餐的副产品，堆肥产生的混合肥料卖给附近的农民，再从这些农民

---

① 董立延、李娜：《日本发展生态工业园区模式与经验》，《现代日本经济》2009 年第 6 期。

手里购买食物"①。通过自主研究与相关计划的实施，园区离零排放的目标越来越接近。

其次，从园区企业的构成来看，一般的生态工业园存在一定数量的制造业，并且会存在大型的制造领域的企业，如石油、钢铁、化工等，而山梨县国母生态工业园区的大多数企业是从事轻工业的中小企业。这表明，即使缺少所谓的以制造为代表的核心企业，工业区仍可以发展生态工业项目。山梨县国母生态工业园与藤泽生态工业园一道，已经成为日本生态工业园区建设的典范。

日本生态工业园区建设的参与主体众多，不仅包括政府部门，企业界与学术界也积极参与其中，形成了"官（政府）、产（产业界）、学（学术界）一体化"的管理与运作模式。②

在生态工业园的建设过程中，所谓的地方自治体是建设的主体，这个主体囊括了地方企业、地方政府以及市民。出资方来自企业，政府部门起到辅助与监管的作用。在中央政府层面，日本的环境省与经济产业省负责工业生态区的建设与管理，实行"双重管理制度"。同时，生态工业园区的补偿金制度也由环境省和经济产业省执行。"环境省主要负责对生态工业园区的软、硬件设施建设和科学研究和技术开发提供资金支持；经产省主要是对硬件设施建设、相关技术及生态产品的开发等提供资金支持，个别项目由两省共同负责。"③

值得注意的是，大学等学术研究机构对于生态工业园的建设起到了巨大的作用。以北九州环境产业振兴战略为例，在这个振兴战略中，北九州大学、福冈大学以及各类研究中心、相关机构，不仅在为生态化工业城的建设提供技术和验证研究、企业培训以及实验设备的支持，还在基础研究教育、环境政策理念的培育以及环境科学研究与治理人才的培养上发挥了重要作用。正是大学与各类研究机构的努力，才能最终将研究成果转化为符合企业需求的技术并实现商业化，发挥经济效益与社会效益。

---

① 秦丽杰：《吉林省生态工业园建设模式研究》，博士学位论文，东北师范大学，2008年，第37页。

② 林健、吴妍妍：《日本生态工业园探析——以北九州生态工业园区为例》，《华东森林经理》2008年第1期。

③ 同上。

日本生态工业园的另一重要特点是，园区内产业以"静脉产业"为重点。所谓静脉产业，指的是"资源再生利用产业，是以保障环境安全为前提，以节约资源、保护环境为目的，运用先进的技术，将生产和消费过程中产生的废物转化为可重新利用的资源和产品，实现各类废物的再利用和资源化的产业，包括废物转化为再生资源及将再生资源加工为产品两个过程"。这种如同将含有较多二氧化碳的血液送回心脏的静脉的循环经济产业模式被称为静脉产业。日本现已发展了40多个静脉产业，主要的静脉设施有：汽车再生项目、建筑混合废物再生项目、有色金属综合再生项目、家电再生项目、办公设施再生项目、塑料瓶再生项目、医疗器具再生项目等。①

三　德国鲁尔区的产业转型与生态文明建设

被称为德国工业"引擎"的鲁尔工业区，是德国中部最重要的工业区，位于德国中西部的北莱茵—威斯特法伦州，面积4433平方公里，人口540万。借助于莱茵河的区位优势以及丰富的煤矿资源，鲁尔区建立了以钢铁、焦炭生产、采煤、机械制造等为支柱的重工业体系。然而，随着资源的逐渐枯竭、产业结构单一以及对环境的严重破坏，促使鲁尔区于20世纪60年代初进行老工业基地改造和经济结构转型。经过半个世纪的努力，在现在的鲁尔区，以煤炭开采和钢铁为代表的传统重工业已不再扮演重要角色，以机械与汽车制造、电子、环保、通信、信息和服务业为代表的新兴产业获得了极大发展，鲁尔区的经济重心已逐步从第二产业转向第三产业。在产业转型的过程中，政府部门积极推动，制定和出台了各项利于外商投资的政策，并对本地中小企业提供优惠的金融服务。在基础设施方面，则建立和完善了以公路、铁路、航空、内河航运为依托的交通网，成为欧洲最稠密的交通网络。

最值得注意的是，在鲁尔区的产业转型过程中，对于生态环境的保护与恢复，始终占据着重要的地位。传统的重工业造成了严重的空气污染与水污染。在产业转型的过程中，一方面积极保持、维护传统历史文

---

① 林健、吴妍妍：《日本生态工业园探析——以北九州生态工业园区为例》，《华东森林经理》2008年第1期。

化,对于传统的煤炭、钢铁等生产基地的工厂,不是采取简单粗暴的大拆大建,而是变废为宝,将废弃的工厂、矿山等工业景观改造为独具风格的工业博物馆,将其巧妙地转变为旅游资源。对工业遗产的再利用,使鲁尔区逐渐摸索出了一条保护生态环境的可持续发展之路,工业旅游成为新时尚。"老工业遗产除被开发为旅游资源外,许多废弃的工业设施建成了工艺技术中心,现代科技园区和新的高技术企业基地等,优化了该地的产业结构。"① 这种被创造性保护的工业遗产得到世人的肯定,甚至已被联合国教科文组织批准成为世界文化遗产。②

　　另一方面,鲁尔区非常注重生态环境的修复与保护,环境问题在产业结构转型过程中得到了积极有效的治理。为了解决空气污染问题,鲁尔区逐渐形成了科学的城市规划体系,将工厂等工业生产区与人们居住的生活区相分离,对于那些高能耗、高污染的粗放型企业,采取严厉的关停措施,并限制生产过程中产生的污染气体的排放量。针对水污染问题,鲁尔区一方面建立大型污水处理厂,在对污水进行无害化处理之后实现再利用,另一方面建立了雨水收集系统,对雨水资源也实现了循环利用。而在对煤研石山的改造中,鲁尔区努力使被破坏的土地恢复原貌,其过程包括地面勘察、确定补救措施以及探索复垦种植的可能性,进一步把煤研石山建成一个完整的生态系统。并且,鲁尔区大力建设自然保护区,"到2000年为止共建立了276个自然保护区面积达9亿平方米。区内共有绿地面积约7.5万平方千米,大小公园3000个。整个矿区绿荫环抱一派田园风光"③。如今,"自然保护区不仅使大城市之间的空间地带相互连接,而且更具有重要的生态学意义。曾经烟囱林立、乌烟瘴气的景象一去不复返了"④。可见,环境治理并不仅仅是原有环境的恢复,而是进行创造性的改良。只有本着这种思路,才能使环境治理

　　① 葛竞天:《从德国鲁尔工业区的经验看东北老工业区的改革》,《财经问题研究》2005年第1期。
　　② 李蕾蕾:《逆工业化与工业遗产旅游开发:德国鲁尔区的实践过程与开发模式》,《世界地理研究》2002年第9期。
　　③ 刘伯英、陈挥:《走在生态复兴的前沿——德国鲁尔工业区的生态措施》,《城市环境设计》2005年第5期。
　　④ 白福臣:《德国鲁尔区经济持续发展及老工业基地改造的经验》,《经济师》2006年第8期。

的目的得以实现。

鲁尔工业区的转型只是整个德国产业转型与生态现代化的一个缩影。事实上，经过几十年的变革，在如今的德国，对于生态问题的"敏感"已经深入骨髓。德国已经在国家层面推行了一系列的重要举措，来实施产业转型与生态文明建设，任何涉及经济、产业的议题必然离不开对于生态的关注。在产业转型方面，德国提出了"工业4.0"计划。"工业4.0"不再是第三次工业革命的延续，而是以智能制造为主导的新一次工业革命。在"工业4.0"模式中，传统的行业界限将消失，新的活动领域与合作形式将不断更新，产业链分工将获得重组。

在这个为未来经济产业发展勾勒的蓝图中，物理—信息系统（Cyber-Physical System）是该模式的核心。在当前，人类经历三次工业革命之后，已经实现了制造业的机械化、电气化与自动化。然而，基于物理—信息系统的新型制造，则能够使人类在制造业领域迈向"智能化"。新一代互联网技术为物理—信息系统的搭建，提供了最重要的技术支撑。移动互联网的快速发展使得"万物互联"的趋势不断加深。在物理—信息系统中，物质亦是信息。因此，我们不仅能够实现技术与设备的更新换代，还能在物理—信息系统中改变工业生产的组织方式和人机关系。在"工业4.0"阶段，物理—信息系统可实现物理世界和信息世界的双向互动。"物理—信息系统向工业领域的全面渗透将推动工业从自动化升级为智能化。一方面，制造业将变得更为灵活、智能和个性化，实现自主运行和优化。另一方面，制造业从自动化向智能化演进的过程，也是工艺流程复杂化的过程，企业驾驭复杂度的能力也必须配套地进行升级，才能充分发掘物理—信息系统的潜力。'工业4.0'计划不仅包括生产技术、生产组织方式的演进，还包括了企业管理复杂工艺的能力提升。"[①]

在生态现代化建设方面，德国也走在了西方国家的前列。在德国社会，环保运动方兴未艾，德国绿党亦是闻名于世界。德国社会已经形成了环境治理的良性模式，参与环境政策的制定与环境治理的主体不再仅

[①]　黄阳华：《德国"工业4.0"计划及其对我国产业创新的启示》，《经济社会体制比较》2015年第2期。

限于政府与企业，而是扩展到普通民众与各种社会组织。在制定政策的战略层面，"德国确定了以'预防'代替'修补'的原则"①，政府鼓励企业设计具有环保、绿化理念的设备与生产方式，以加强预防工业污染和浪费的力度，力求在环境保护的初始点遏制污染。在政策执行层面，"德国强调'污染者付费'的原则，建立和健全有关环境治理的法律法规体系，持续推进环境建设进入政治议程。尤其以'生态税'的实施为突破口，利用经济手段调节公众和社会组织的环境行为，使企业、公众从经济的角度形成一种保护生态环境的自律"②。德国寄希望于依靠"工业 4.0"的转型升级，使自身在经历了国际金融危机后的世界经济格局中继续巩固在高端制造业市场的领先地位，不断增强自身的竞争优势与创新能力。一系列环境政策的制定与执行，则在促进产业转型更新的同时，防止单纯为了经济发展而出现忽视和破坏生态环境的短视行为，从而实现经济社会的良性可持续发展。

四　工业绿色化：西方社会新阶段的产业转型

在了解了北美的美国、东亚的日本、中欧的德国三个发达国家的产业转型与生态文明建设的实践之后，我们对其进行一个简要的总结。首先，西方国家的产业转型正朝向"工业绿色化"迈进。"工业绿色化"是企业在环境压力的影响下，通过宏观战略和制度变革、内部具体生产的调整，尽可能减少污染排放的过程。③ 一般企业在其进行决策时，往往只注重短期、直接的环境成本，如环境治理、惩戒费用、排污许可等，而较为忽视中长期环境成本，包括信用成本、市场成本、机会成本。"工业绿色化行为"则试图矫正企业在环保行为中的短视，将组织变革与制度化的过程贯穿于企业环保行为的过程，最终促使企业在环境压力的作用下实现可持续发展，使经济利益与环保责任相协调。

西方国家之所以已经进入"工业绿色化"的阶段，一个重要的原

---

①　洪大用、马国栋：《生态现代化与文明转型》，中国人民大学出版社 2014 年版，第 46 页。

②　同上。

③　陈雯、Dietrich Soyez、左文芳：《工业绿色化：工业环境地理学研究动向》，《地理研究》2003 年第 9 期。

因在于环境已经成为公共领域中的"重大议题"，处于该结构中的所有参与者都感受到了"环境压力"，这种压力威胁到了他们的生存，妨碍了他们的行动能力。因此，在当今西方社会，政府、企业、媒体、各种非政府组织以及普通的公民个体，都参与到生态环境保护的过程中，多主体的参与为形成一个良性的生态环境治理体制打下了坚实的基础。各种社会组织、媒体以及公众，不仅能够参与政府环境政策、法律的制定与执行过程，还能对企业的生产进行一定程度的监督。

其次，西方国家的生态文明建设实践经历了一个从"防治"到"保护"的过程，也是从末端治理到前端治理的过程。防治更多的只是一种消极被动的应对策略，而保护则是自觉自愿的主动行为。在当今西方社会，对于生态环境保护的认识以及保护不再只限于政府范围，而已经成为包括企业、社会组织、公众所达成的社会共识。对于企业而言亦是如此，企业作为一个追求利润最大化的组织，在最初的环境治理过程中，被迫接受环境法规的约束，这在一定程度上损害了企业的利益。而在经历了半个世纪的环境整治，环保观念普及之后，现在的企业环保行为已经演变为自觉自愿履行社会责任的表现，并逐渐成为环境保护的领导力量。利润最大化不再是企业追求的唯一目标，追求良好的社会信誉以及追求企业的可持续发展开始替代纯粹的逐利动机。

再次，从西方国家的生态文明建设历程看，生态工业园作为一种协调经济、社会与环境可持续发展的新模式受到越来越多的重视，并且逐渐在各个国家推广。与传统工业园相比，生态工业园具有以下特点：（1）不同的产业、企业之间形成了系统性的生态网络，制造业与服务业不再割裂，而是形成了互动关系。（2）在工业生态链或工业生态网络中，物质和能量逐级传递，并实现闭路循环。（3）这种循环经济的形式实现了区域性的清洁生产与规模经济。（4）生态工业园不仅着眼于单纯的经济增长，而是希望通过在经济活动的各个环节进行环境质量把控，实现经济、社会与环境的可持续发展。

在西方国家的生态文明建设实践中，我们不能忽视公众参与以及社会运动所发挥的作用。生态环境保护问题之所以能够在当今西方社会成为一个极为重要的政治议题，离不开环保运动的不断深入发展以及公民环保意识的觉醒。虽然环保运动在19世纪末20世纪初已初现端倪，但还缺乏社会基础与大众参与。20世纪60年代以来的环保运动，则成功地"提高了整个社会对环境退化的认识"，将生态环境从"私人困扰"的维度提高至"公共问题"的高度。环保运动的发展促使了许多组织与机构的建立，这些非政府机构为公众环保意识的提高，将环保问题纳入政治讨论，起到了关键性的作用。此外，环保运动还使生态环境问题跨越了民族国家的范围，引起整个国际社会对环境问题的高度重视[1]，环保成为关乎人类物种延续、人类文明存续的重大问题，并且促使国际社会为解决生态问题达成统一的共识，并展开合作。

总体来说，国外生态工业园的发展模式正逐步走向成熟，园区所形成的工业生态系统也越来越复杂。某种程度上，生态工业园已经成为实现经济、社会、环境可持续发展的非常具有现实可行性的一条路径。发达国家生态工业园的建立，为其他国家，尤其是当前中国的产业转型以及生态文明建设，提供了可借鉴的道路。

第二节　中国工业园区的生态文明建设

经历了30多年的改革开放，如今的中国在经济方面所取得的成就已受到全世界的承认与赞誉。到2016年，中国的GDP总量已达744127亿元。[2] 30多年来，中国的平均经济增长速度达到10%以上，"中国速度"可谓世所罕见。然而，中国成为"世界工厂"的同时，也付出了惨重的代价。虽然我们一直以来倡导经济发展与生态环境相协调，但30多年的发展历程，依然没有逃脱西方资本主义的"先污染后治理"的发展模式。经济获得长足发展的背后，是中国不能承受的环境之痛。水土流失严重、土地沙漠化加速、耕地减少、河流断流、湖泊退化严重、湿地破坏加剧、森林锐减、草场退化、珍稀动植物面临灭绝等生态危机，已为中国的环境状况不断敲响警钟，水污染、大气污染、土地污

---

① 高国荣：《美国现代环保运动的兴起及其影响》，《南京大学学报》（哲学·人文科学·社会科学版）2006年第4期。

② 统计局：《2016年GDP总量突破74万亿增速为6.7%》（http://www.cet.com.cn/cjpd/jjsj/1894567.shtml）。

染等环境污染问题，也已严重威胁到人民的基本健康与经济的健康发展。太湖蓝藻的爆发，近年来全国各地的雾霾天气，让我们认识到，除非移民，否则粗放的经济增长所带来的环境恶果会使所有人共同埋单，环境污染的状况令所有人都无法逃离。在一些地区，环境承载力已经达到或超越了极限。有研究表明，"在1992年的中国，环境污染所造成的损失已占到国民生产总值的4%，而同时期用于环境治理的费用仅占0.86%"①。"即使到今天，环境治理的费用仍只占1.5%"②。对于试图大力推动生态文明建设的中国来说，这些资金无异于杯水车薪。

　　痛心于当前中国的环境现状，我们或许会感慨这真是一个"最坏的时代"。然而对于环境治理而言，这也可能成为一个"最好的时代"。在一个缺乏共识、碎片化的社会中，对于环境治理而言，无论是政府、企业、各种社会组织还是普通的民众，治理环境、保护生态的共识已然建构起来，并深入人心。在改革开放之前，"中国没有独立的环境政策，对于环境的相关政策规定只是工农业政策的副产品而已"③，在当时的政府政策名单之中，环境治理甚至都不构成一个"议程"④。改革开放以来，中央层面越来越强调环境治理的重要性。早在1983年，环境保护就已被确立为基本国策；1989年中国颁布了《中华人民共和国环境保护法》；2005年中共十六届五中全会提出了要转变经济增长方式，加快建设两型社会，即"资源节约型、环境友好型"社会；中共十七大报告将建设生态文明作为明确的奋斗目标；中共十八大则进一步强调把生态文明建设放在突出地位，生态文明建设与经济建设、政治建设、文化建设、社会建设共同构成了全面实现小康社会的"五位一体"⑤的目标体系。经济建设是根本，政治建设是保证，文化建设是灵魂，社会建

---

　　①　G. Xia, Y. Zhao, "Economic Evaluation on the Losses from Environmental Degradation in China", *Management World*, No. 6, 1995, pp. 198 – 205.

　　②　E. B. Vermeer, "Industrial Pollution in China and Remedial Policies", *The China Quarterly*, No. 156, 1998, pp. 952 – 86.

　　③　Terence Tsai, Jane Lu, "Environmental Management in Mainland China and Taiwan: Practice and Policy", *China Review*, ina Review, 2000.

　　④　Koon – kwai Wong, Hon S. Chan, "The Development of Environmental Management System in the People's Republic of China", *China Review*, ina Review, 1994, p. 212.

　　⑤　孙慧明：《迈向美丽中国的生态文明建设的现实路径》，《求是》2013年第9期。

设是条件，生态文明建设是基础。"文明"一词在当前中国不仅随处可见，而且已经成为顶层设计中的重要理论资源与努力实现的目标。[1] 因此，生态文明一词的出现，预示着国家对于环境治理问题已经非常重视。

不仅如此，中共十八大报告还提出了"美丽中国"这个新概念，并提出"建设生态文明，是关系人民福祉、关乎民族未来的长远大计。面对资源约束趋紧、环境污染严重、生态系统退化的严峻形势，必须树立尊重自然、顺应自然、保护自然的生态文明理念，把生态文明建设放在突出地位，融入经济建设、政治建设、文化建设、社会建设各方面和全过程，努力建设美丽中国，实现中华民族永续发展"[2]。"美丽中国"的科学内涵包括"生态文明的自然之美、融入生态文明理念后的物质文明的科学发展之美、精神文明的人文化成之美、政治文明的民主法制之美，以及社会生活的和谐幸福之美"[3]。这其中，生态文明之美是"美丽中国"的重要内容，没有生态文明之美，其他的"美"便会丧失立足的根基。

在此背景下，我们关注国内工业园区的产业转型与生态文明建设实践，尽可能地对不同地区的实践进行概括，寻找其中的经验与教训。

一 我国生态工业园建设发展历程

在论述生态工业园的发展建设史之前，我们有必要对其前身——经济技术开发区，做一个简单的介绍。在中国，经济技术开发区已经成为政府进行治理的重要手段，成为促进地方经济发展的制度性设置。经济技术开发区在其诞生之初，是作为改革的产物出现在世人面前的。为了解决政府中长期存在的审批手续繁杂、机构臃肿等制约经济社会发展的体制问题，政府决策者提出了在地方设置经济技术开发区的设想，将其

---

[1] Nicholas Dynon, "Four Civilizations and the Evolution of Post - Mao Chinese Socialist Ideology", *The China Journal*, No. 60, 2008, p. 83.

[2] 《胡锦涛在中国共产党第十八次全国代表大会上的报告》（http://news. Xinhuanet. eom/18epcne/2012 -11/17/c_ 113711665_ 9. htm）。

[3] 李建华、蔡尚伟：《"美丽中国"的科学内涵及其战略意义》，《四川大学学报》（哲学社会科学版）2013 年第 5 期。

作为发展现代工业的产业园区，对园区的企业提供一系列优惠条件，使经济技术开发区成为撬动地方经济发展的重要杠杆。某种程度上，经济技术开发区是20世纪80年代初中国的"特区制度"在地方政府层面的普遍实践。在这些数量繁多的经济技术开发区中，依据行政级别的划分，分为国家级经济技术开发区、省级经济技术开发区、市级经济技术开发区等。其中，国家级经济技术开发区是由国务院批准成立的经济技术开发区，其规格在我国现有经济开发区中居于最高级。

国家级经济技术开发区大多位于各省、市、自治区的省会等中心城市，这些地区往往通过建设完善的基础设施，创建符合国际水准的投资环境，从而吸引外资，打造以高新技术产业为主体的现代工业结构，成为所在城市及周边地区发展对外经济贸易的重点区域。中国第一个国家级经济技术开发区成立于1984年，在经历了30多年的发展建设，截止到2015年9月，全国共设立219个国家级经济技术开发区。[①]

生态工业园区作为第三代工业园区，在中国的建设起步较晚。最早的生态工业园是2001年建成的贵港国家生态工业（制糖）建设示范园区。截至2016年，我国共有国家级生态工业园86家。[②]

与国外的改造型生态工业园、全新规划型生态工业园、虚拟型生态工业园的分类不同，根据2007年中华人民共和国《国家生态工业示范园区管理办法（试行）》的规定，我国生态工业园主要分为三种类型，分别是：行业类生态工业园、综合类生态工业园和静脉产业类生态工业园。所谓的综合类生态工业园，是指由不同行业的不同企业组成的工业园区，这种生态工业园区往往由已建成的经济技术开发区或高新技术产业开发区改造而来。行业类生态工业园是指在更多同类企业或相关行业企业间建立共生关系而形成的生态工业园区。静脉产业类生态工业园则是指，以从事静脉产业生产的企业为主体建设的工业园区，包括废物转化为再生资源和将再生资源加工为产业两个部分。目前，我国国家级生

① 百度百科：《国家级经济技术开发区》（http：//baike. baidu. com/link? url=jZ_ D8WK_R - vhUqxv - jqBsvO189jtZK3YwPTTdYckpJBOiuwhTLx5JoNxgu2wDQexguYBjQ0zpEdEIQGsU2kCwa）。

② 《国家生态工业示范园区名单国家级经济开发区名录》（http：//www. 360doc. com/content/17/0302/20/11735161_ 633442607. shtml）。

态工业园中，综合类园区占比最高，行业类次之，静脉产业类最少。

纵观我国生态工业园的建设发展历程，我们大致可以分为三个阶段。

第一阶段，也可称为缓慢发展阶段。在这个阶段，一方面由于国家与地方政府倡导的发展模式是经济技术开发区以及高新技术开发区，生态工业园概念并未普及；另一方面则是政府层面给予的政策、财政支持力度偏小，导致此期间我国生态工业园仍然处于试点阶段，增长数量较少。

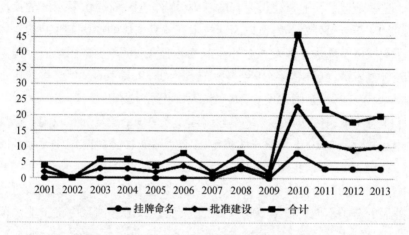

图2—1   2001—2013 年我国生态工业园建设统计①

第二阶段，也可称为爆发增长阶段。经历金融危机之后，中央政府在 2009 年提出了 4 万亿的经济刺激政策，极大地刺激了地方政府建设生态工业园的热情。充足的财政支持也为建设提供了稳定的保障，国家逐渐认识到之前的高能耗、高污染的经济增长方式已难以为继，开始寻求转变经济发展方式，生态工业园作为一种新的实践引起中国政商学界的关注，因此生态工业园的建设数量大幅增加。

第三阶段，也可称为快速增长阶段。随着国家越来越重视经济发展方式的转变以及生态文明建设，生态工业园作为二者的结合，其价值越

---

① 钟佳锴：《高新技术产业开发区向生态工业园转变研究——以杨凌示范区为例》，硕士学位论文，西北农林科技大学，2013 年。

发彰显，因此生态工业园建设进入了快速增长期，年平均审批数达到10个以上。

从地域分布来看，我国生态工业园的建设现状与地区经济发展水平有着深刻的联系。无论是经济技术开发区、高新技术产业开发区还是生态工业园区，新的产业实践往往出现在现有经济发展程度高、实现经济发展各项条件充足的地区。在我国的经济版图中，相比于中西部地区，东部地区的 GDP 总量超过 55%，经济优势明显。这种差异进而也体现在了生态工业园的建设中。2012 年，"在现有的生态工业园中，东部地区占据了绝大部分，在全部 73 家生态工业园中，位于东部地区的生态工业园 53 家，占比达到 72%，中部地区有 12 家，西部仅有 8 家"[1]。

因此，我们选取江苏省、浙江省以及江西省作为分析的典型案例。江苏省与浙江省位于东部沿海发达地区，其与上海市构成的长三角经济区是中国最具经济活力的地区之一。除了经济发展水平在全国处于领先外，这里也是较早进行生态文明建设实践的地区。针对江苏省，我们全面考察了省级区域如何进行生态文明建设的实践，而针对浙江省，我们则聚焦于生态工业园的发展。江西省位于我国中部地区，其生态文明实践在中西部省份中具有一定的代表性，其在经济与环境上的优势与问题值得我们深入思考在经济相对不发达以及生态环境较为脆弱的地区，应该如何推进生态文明建设。

二 江苏省生态文明建设实践

江苏省是我国的经济大省，也是产业转型与生态文明建设走在前列的省份。江苏省面积约为 10.26 万平方公里，截至 2016 年年末，全省常住人口总数已达 7998 万人。经济方面，2016 全年实现生产总值 76086.2 亿元，比上年增长 7.8%。其中，第一、第二、第三产业的生产总值分别为 4078.5 亿元、33855.7 亿元、38152 亿元，人均 GDP 已达 95259 元，比上年增长 7.5%。[2] 从产业结构方面来看，江苏省的产业结

---

① 钟佳锴：《高新技术产业开发区向生态工业园转变研究——以杨凌示范区为例》，硕士学位论文，西北农林科技大学，2013 年。

② 国民经济综合统计处：《2016 年江苏省国民经济和社会发展统计公报》（http://www.jssb.gov.cn/tjxxgk/xwyfb/tjxwfb/201704/t20170426_ 304039. html）。

构近年来不断优化，在促进服务业提速发展的同时，改造和提升传统产业，并促进创新能力持续提升。2016 年，三大产业增加值比例调整为5.4∶44.5∶50.1，全年服务业增加值占 GDP 的比重提高 1.5 个百分点。全年实现高新技术产业产值 6.7 万亿元，比上年增长 8.0%；占规模以上工业总产值的比重达 41.5%，比上年提高 1.4 个百分点。战略性新兴产业销售收入 4.9 万亿元，比上年增长 10.5%；占规上工业总产值的比重达 30.2%。① 在制造业方面，先进制造业增势总体较好。

在注重经济发展的同时，江苏省在生态文明建设领域也卓有建树。与其他各省相比，江苏省委、省政府早在 2011 年就已出台有关生态文明建设的行动计划，在 2012 年 2 月，省政府又向 13 个省辖市下达了生态文明建设工程五年目标任务书。2013 年出台的《关于深入推进生态文明建设工程率先建成全国生态文明建设示范区的意见》和《江苏省生态文明建设规划（2013—2022）》，成为首批省级生态文明示范建设文件。与政策领域先行相对应的是，实际行动所取得的突破。在 2014年江苏省单位地区生产总值能耗比上年下降 5.92%，超额完成 3.6% 的年度目标，完成"十二五"节能目标进度达 95.96%。全省 2014 年化解过剩产能和淘汰落后产能的任务全面完成，部分行业超额完成年度目标任务。在完成节能减排目标的同时，对于高耗能、高污染企业的产能过剩问题也得到了有序整治，全年实际化解或淘汰产能合计包括钢铁377 万吨、水泥 153 万吨、平板玻璃 220 万重量箱、船舶 345 万载重吨等。一系列生态工程的实施，也发挥了应有的效果。如"清水蓝天"工程使全省污水日处理总能力突破 1500 万吨，太湖水质进一步改善。目前江苏省"全省国家环保模范城市累计已达 21 家，国家生态市、县（市、区）累计已达 35 个，占全国总数的 40% 左右。生态示范创建继续位居全国前列。全省国家森林城市累计已达 5 家"②。

虽然与其他省份相比，江苏省在产业转型以及生态文明建设方面已经走在了前列，但依然暴露出许多问题。尤其是在建设生态文明方面，

① 江苏省人民政府网（http：//www.jiangsu.gov.cn/zgjszjjs_ 4758/jjfz/zhsl/201705/t20170504_ 476952.html）。

② 江苏省人民政府网（http：//www.js.gov.cn/zgjszjjs_ 4758/jjfz/cyjg/201409/t2014091 2_ 339985.html）。

江苏省依然面临着许多难点。

（1）从江苏省自身来看，由于江苏土地资源稀少而人口稠密，人口密度高导致人均环境容量低，单位国土面积工业污染负荷高居全国首位。因此，工业污染所产生的社会后果影响深远，不仅影响范围广，还会波及世代。在现阶段，江苏省尤其是苏中、苏北依然处于加快推进工业化的阶段，高能耗、高污染企业仍将继续存在，工业污染物的持续增加趋势不可避免。巨大的人口压力、环境压力与工业发展的矛盾，造成了江苏生态环境保护的严峻形势。在大气污染方面，近年来雾霾天气已开始频繁出现于江苏各地市，PM 2.5 已成为城市空气的重要污染源，大气污染逐年加重；水污染方面，湖泊水质状况没有得到根本改善，太湖部分湖区水质劣于 V 类，部分河流依然污染较重，已经影响到了一些地区的饮用水安全；土壤污染方面，土壤污染使农产品和食物质量不断下降，食品安全问题已经成为影响人民群众生活的焦点性问题。生态环境的恶化所引发的群众投诉越来越多，"群众对环境质量的不满意已成为江苏建设更高水平小康社会的一块短板"①。

（2）从产业结构来看，不合理的经济发展方式不仅影响了整体经济的素质与潜力，而且加大了自然环境的压力，加剧了生态失衡。在江苏省产业结构中，工业仍然占据主导地位，重化污染行业所占比重较大，高消耗、高污染企业数量较多。由于当前江苏大多数地区依然为实现工业化而努力，因此以高污染、高能耗企业为核心，以工业为产业发展重点的产业结构在短时间难以被扭转。与此相对应的则是江苏在环境科技创新能力上的落后。虽然与国内其他地区相比，江苏的科技研发能力较强，但与国外发达国家相比，仍然体现出创新能力不足，总体技术水平不高。尤其在环保技术方面，许多关键性的技术与设备仍需要进口，现有的技术水平无法达到江苏省建设生态文明的要求。产业结构的不合理以及科技能力的不足，共同制约着江苏省产业转型与生态文明建设的步伐。

（3）体制机制的缺陷制约了生态文明建设的发展。这种缺陷主要

---

① 徐冬青：《江苏加快生态文明建设的难点问题及路径选择》，《市场周刊》（理论研究）2013 年第 6 期。

体现为三个方面：政府考核与晋升方式、资源与环境保护机制、法律法规的制定与执行。首先，长期以来，中央政府对地方政府的政绩考核过分注重经济指标，经济指标甚至成为唯一指标，而官员晋升的"锦标赛体制"又使得地方官员不得不在自己短暂的任期内将执政精力投入招商引资、促进经济发展方面，而缺乏对地方环境保护事业应有的关注与行动的动力。值得注意的是，虽然政府已经制定出涉及生态文明的考核指标体系，但有学者研究认为，江苏省已制定的生态文明指标体系存在着一些问题。例如，部分指标数据获取或计算较为困难，有些指标的内涵和导向不清晰，且有雷同重叠之疑，并且现有的指标体系"忽略生态制度文明的问题尤为突出"①。其次，资源环境的相关管理体制和机制不健全。为了加快经济发展的速度，短时间内突出政绩，许多资源的价值被严重低估、贱卖或被无偿使用，导致资源的浪费和环境的破坏。有关资源和环境的税收体系也不健全，例如排污收费制度下税费过低，企业缺乏足够的动力进行污染治理与技术创新。最后，有关资源环境保护的法律制度不健全。这种矛盾表现在环境立法跟不上当前的生态环境现状；相关的环境法规执行力较低，与此相对应的是企业违法的成本较低。同时，这些环境法规不仅对企业的约束力较弱，对于政府而言也缺乏对其行为的刚性约束。

（4）生态文明建设的公众意识仍然淡薄。生态文化没有普及开来，公民在日常生活行为中的生态保护意识和法律观念仍然处于培育之中，整个社会缺乏尊重自然、保护自然的伦理观念。在对生态文明建设的认识和实践方面，无论是政府、企业还是普通公民，都存在一定的误区。例如，"将生态文明建设完全等同于环境治理"②，不仅缩小了生态文明的外延，还曲解了其内涵；一些地方政府则把生态文明建设简单理解成为上一些项目，增加一些投入。这就使生态文明建设陷入已有的重视经济发展的逻辑循环。引进生态项目的目的并非为了地方环境的保护、改造，而是将生态塑造为官员自己的政绩工程、形象工程，这与生态文明

①　李平星、陈雯、高金龙：《江苏省生态文明建设水平指标体系构建与评估》，《生态学杂志》2015年第1期。
②　徐民华、王金水：《生态文明建设的实践创新——以江苏省为例》，《党政研究》2015年第3期。

建设的精神本末倒置。

基于上述问题，江苏省在未来一段时期推动生态文明建设的发展路径，应从以下方面着手。

（1）转变经济发展方式，大力发展生态经济。所谓的生态经济，其内涵是绿色、循环与低碳。发展绿色经济，就是要将环境要素融入经济发展，"把经济活动过程和结果的'绿色化'作为绿色经济发展的主要内容和途径"[①]。发展循环经济，则是利用各种新技术，促进资源的循环利用，促进对废弃物的再利用，在生产、流通、消费各环节遵循"循环"的原则；大力推进生态工业园的建设，以园区的循环经济作为整个社会发展循环经济的模式与样本。发展低碳经济则是建立低碳能源系统、低碳技术体系和低碳产业结构，逐渐降低温室气体的排放量。发展生态经济有赖于环保技术的发展与环保企业的成长。因此，江苏要加快推进环保领域科技人才的培养与科学技术、产业的研发力度；同时，大力培育一批具有自主知识产权、自主创新型的环保企业。

（2）改进体制缺陷，进行体制创新。首先，改进现有的政绩考核体系，不再"唯 GDP 论"，而是在考察经济发展的同时，将资源消耗、环境损害、生态效益纳入经济社会发展评价体系，形成"绿色 GDP"的考核体系。其次，制定和完善涉及产业转型与生态文明建设的各项政策，能够真正将政策落实到实际工作中，使政策具有可操作性，并对参与环保事业中的各个主体具有一定的法律约束力，完善环境保护责任制。再次，制定合理的、符合生态文明要求的价格与税收政策。在按市场定价机制配置生态资源的同时，建立污染排污权交易制度、污染物和废弃物有偿排放制度等相关制度，在税费方面则要努力利用税收杠杆调节企业行为，促进新技术、新能源的研发、推广，促进企业环保意识的自发培养和责任履行。最后，加快制定和完善涉及环境保护的法律体系，使政府和企业行为都能实现有法可依。

（3）加大环境污染治理及生态修复力度，推进绿色江苏建设。在

---

① 徐冬青：《江苏加快生态文明建设的难点问题及路径选择》，《市场周刊》（理论研究）2013 年第 6 期。

空气污染方面，要加强高能耗、高污染行业的整顿，尤其是要加大对各类工业园区、工业集中区和能源、钢铁、化工、建材等重点行业粉尘、烟气和无组织排放的废气的治理，遏制雾霾天气对群众健康造成的不良影响。在水污染方面，要强化河流、湖泊整治与生态修复，强化饮用水源地管理保护，确保城乡居民饮水安全。在土壤污染方面，要积极开展土壤污染防治，重点对已经污染的土壤采取改良、治理和修复，并开展建设一批重大生态修复与建设工程。

（4）大力推进生态文化建设，倡导生态伦理和生态行为，这也是最容易被忽视的一点。生态文化是促进人与自然和谐相处的重要精神动力，弘扬生态文化是推进生态文明建设的必然要求。生态文明建设不仅需要政府、企业的参与，更需要广大的社会组织以及普通的民众参与其中。西方社会的生态文明建设之所以走在前列，一个很重要的原因便是环保责任意识已经融入对一个普通公民的道德教育中。有鉴于此，江苏要加强开展生态文明建设的宣传教育，在公民意识中强化环保的重要性，形成全民环保的社会风气，并且大力倡导绿色消费。

三　浙江省生态文明建设实践

与江苏省同为中国经济大省的浙江省，在产业转型与生态文明建设方面亦不甘落后。浙江省陆域面积 10.18 万平方公里，面积虽小但地形复杂，山地、丘陵占 70.4%，平原、盆地占 23.2%，河流、湖泊占 6.4%，耕地面积仅 208.17 万公顷，故有"七山一水两分田"之说①。与其他省相比，浙江省的生态环境承载能力并不突出。2016 年浙江省的常住人口为 5590 万人。在经济方面，2016 年全年生产总值 46485 亿元，比上年增长 7.5%。其中，第一产业、第二产业、第三产业的增加值分别为 1966 亿元、20518 亿元、24001 亿元，分别增长 2.7%、5.8%和 9.4%。人均 GDP 为 83538 元，增长 6.7%。②

---

① 浙江省人民政府（http://www.zj.gov.cn/col/col922/index.html）。
② 浙江省统计局：《2016 年浙江省国民经济和社会发展统计公报》（http://www.zj.stats.gov.cn/tjgb/gmjjshfzgb/201702/t20170224_192062.html）。

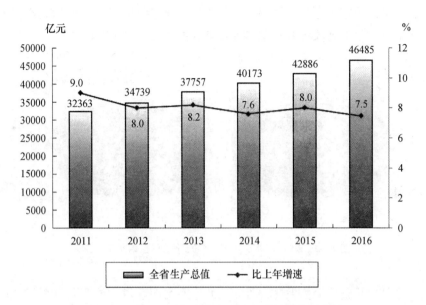

图2—2　2011—2016年浙江生产总值及增长速度①

在产业结构方面，2016年浙江三大产业增加值结构由上年的4.3∶45.9∶49.8调整为4.2∶44.2∶51.6，第三产的业比重提高1.8个百分点，第三产业对GDP的增长贡献率为62.9%②。

在环境治理方面，浙江省在2016年的雾霾天气有所好转，全省雾霾平均日数34天，比上年减少19天。在工业能耗方面，单位工业增加值能耗下降3.7%。从雾霾天气的减少以及单位工业增加能耗值的降低表明浙江省的大气污染状况有所缓解。

在利用水资源与减少水污染方面，11个设区城市的主要集中式饮用水水源地水质达标率为96.2%，提高3.4个百分点。221个省控断面中，Ⅰ-Ⅲ类水质断面占比逐渐提高，劣Ⅴ类水质断面占比逐渐下降。城市污水处理率为93.2%，比上年提高1.91个百分点，污水处理能力进一步提高。全年累计建成国家级生态县34个，国家环境保护模范城

---

① 浙江省统计局：《2016年浙江省国民经济和社会发展统计公报》（http：//www.zj.stats. gov.cn/tjgb/gmjjshfzgb/201702/t20170224_192062.html）。

② 同上。

市 7 个，国家级生态乡镇 691 个，省级生态县 67 个，省级环保模范城市 10 个。① 生态文明建设的事业逐渐在浙江全省境内有序展开。

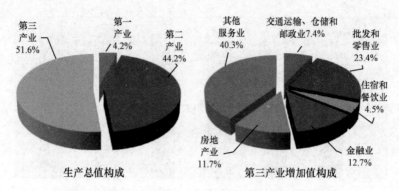

图 2—3　2016 年浙江生产总值及第三产业增加值构成②

　　虽然从整体形势来看，浙江省的生态文明建设正步入良性发展期，但仍然存在一定的问题。以生态工业园建设为例，作为生态文明建设的重要举措，浙江省积极发展生态工业园这一新模式，或将之前的国家级经济技术开发区或高新技术开发区改造为新的生态工业园区。然而，与西方发达国家日臻成熟的生态工业园模式相比，浙江省现有的生态工业园仍存在着诸多问题。这些问题涵盖了体制、科技、管理方式以及参与园区的企业自身等方面。

　　（1）在体制方面，园区建设缺乏健全的政策导向与完善的法律体系。虽然地方政府针对生态工业园区的发展已经提出了许多政策，以此刺激更多的企业参与到园区中，但是这些政策并未体现"生态"二字的真正意涵，政策的实质仍然与以往政府对待经济技术开发区或高新技术开发区的做法没有本质区别。并且，生态工业园区在一些地方政府看来，只是将其作为新的"经济增长点"，在制定政策时并没有将生态结果融入经济过程的考量，经济发展与生态文明建设依然是"两张皮"。在法律方面，虽然目前我国不断有涉及生态环保的相关法律出台，但依

---

　　① 浙江统计信息网（http：//www. zj. stats. gov. cn/tjgb/gmjjshfzgb/201702/t20170224_192062. html）。

　　② 浙江统计信息网（http：//www. zj. stats. gov. cn/zjsq/jjfz/）。

然显得匮乏与滞后。例如，有些法律缺乏有效的执行力，缺乏对政府、企业行为的约束能力；有些法律的理念仍然停留在"末端治理"，只单纯地关注排放量问题。在财政、税收方面的政策缺位，也使得企业入园的积极性不高。

（2）在技术方面，现有生态工业园区依然存在关键技术落后、技术创新能力不足等问题。一方面，浙江省与生态工业发展相关联且具有推广价值的技术并不多，可推广的更少，存在新技术不成熟、应用难度大等问题；另一方面，许多生态工业技术研发成本过高，一般企业难以承受，资金的缺乏更加阻碍了园区企业参与科研的热情与动力。虽然政府和工业园区对科技创新的投入不断加大，但对于园区的生态化建设依然不够。"在接受工业园区循环经济调查的6168家企业中只有1564家企业有科技活动经费支出，仅占被调查企业的25.4%。企业从业人员中有半数以上为科技活动人员的企业只有17家；2008年购置环保设备和技术成果的企业分别只有547家和194家。110家工业园区平均研究开发费用相当于园区GDP比例仅为4.9%，其中80家工业园区低于这一比例，甚至还有8家工业园区的研发费用为零。"[①]

（3）在生态工业园区内部企业之间的循环经济建设方面，企业之间缺乏有效的联系，难以形成工业共生关系。西方发达国家生态工业园区建设之所以能够取得成功，一个重要的原因便是园区内的企业积极参与到工业共生关系的构建中，许多企业将原有的废弃物进行再利用，由此形成的循环经济模式不仅提高了经济效益，还达到了保护生态的效果。许多产业链甚至是企业之间自发探索形成的。但从浙江现有园区来看，许多园区存在行业集中度低、产业关联性不强，生态产业链尚未形成较为高效的闭循环。企业间的联系更多的是地域上的联系，大家仅仅身处同一个产业园中，仅此而已。在废弃物利用以及循环经济链的建构方面，仍然处于较低阶段。

（4）对生态工业园区的管理理念与方式仍然滞后，对环境污染的处理方式仍然以"末端治理"为主。在管理方式上，生态工业园区与

---

① 浙江省地方统计调查局课题组：《浙江省工业园区生态化发展状况研究》，《统计科学与实践》2012年第9期。

其他的经济开发区、高新技术开发区并无二致。园区管理人员并没有将生态理念融入日常管理，缺乏对生态工业园的宣传，以至于园区企业及当地公众对于生态工业的认识几乎为零。此外，对企业排污的监督仍然只是动用强制的行政手段。对于违规的企业，园区管委会也只是要求企业停产整顿，并不能从根本上解决环境污染以及企业的生产方式存在的问题。园区企业应付环境监督也慢慢摸索出一套"阳奉阴违"的手法，例如在晚上排污，利用暗道排污等。部分工业园区仍然沿用"先污染后治理"的落后管理方式。

针对以上问题，我们必须对现有生态工业园的体制、管理方式以及园区企业的生产活动进行不断革新，才能逐渐清楚这些阻挠生态工业园发展的障碍，真正发挥生态工业园在经济与生态环境保护方面的效用。为此，生态工业园必须在以下方面实现突破。

（1）从园区管理者的角度而言，对园区建设有必要做出科学、长远的规划。最重要的是，管理者必须充分认识到生态工业园区建设与传统工业园的本质区别，不能盲目地将以往的园区建设经验生搬硬套。此外，园区的建设规划应该与整个城市或地区的改造和产业结构的调整相结合，契合当地的实际经济环境状况。

（2）在体制方面，必须不断进行体制创新，增强政策引导并逐渐健全法律法规体系。首先，完善园区的行政管理体系和管理机制，建立污染者治理、受益者补偿、有偿排污权等相关机制，使企业逐渐强化自身在技术改造以及污染防治方面的资金与研发投入。其次，政府以及相关管理者要完善财政政策，发挥资金引导作用，对有利于园区建设的项目提供资金或贴息贷款等优惠政策。最后，健全法规体系，逐步改变现行的、以"末端治理"为主要手段的治理方式，并且使法律法规更具备可操作性与刚性约束力。

（3）在科研与技术领域，扶持园区相关企业，加大科技研发力度。首先，政府必须增加对生态工业技术的研发投入，不断完善科技创新机制，在组织力量进行研发的同时，必须采取各种措施为推广这些技术提供政策支持。其次，园内成员企业也应积极进行技术交流，甚至建立共同研发的机制，这样能够最大限度地降低技术研发的风险与成本。

（4）在管理层面，逐渐树立园区"生态管理"的理念。园区主管部门应针对园区内企业的发展情况来制定出相应的政策与规章，以鼓励企业间交换副产品，提高资源利用率，促成企业之间构建工业共生体系，帮助企业在治污的同时享受其带来的经济效益。生态工业园区生态管理体系往往包含三个层次：产品、企业与园区。只有在实践中，将生态管理的理念涵盖到它们的每个部分，才能使得整个园区形成一个良性发展的工业生态系统。

四 江西省生态文明建设实践

江西省位于我国中部地区，全省面积 16.69 万平方公里，到 2014 年常住人口为 4592.3 万人。在经济方面，2016 年全省生产总值 18364.4 亿元，增长 9%。财政总收入 3143 亿元，同口径增长 9.6%，其中一般公共预算收入 2151.4 亿元，同口径增长 8.7%。固定资产投资 19378.7 亿元，增长 14%。社会消费品零售总额 6634.6 亿元，增长 12%。主要经济指标增速位居全国"第一方阵"[①]。从产业结构来看，2016 年江西第一产业增加值 1904.53 亿元，增长 4.1%；第二产业增加值 9032.05 亿元，增长 8.5%；第三产业增加值 7427.83 亿元，增长 11%[②]，第三产业占比首次超过 40%。虽然产业结构调整取得了一定的成效，但工业仍然占据主导地位，第三产业产值以及比例与其他东部发达省份相比，依然相对落后。

在生态文明建设方面，江西省也取得了丰硕成果。从 20 世纪 80 年代开始实施的"治山、治江、治湖、治穷"的山江湖工程已经取得了一定的成效，目前江西省的森林覆盖率、大气质量、水资源总量和水质、湿地面积、生态多样性等各项生态指标均位居全国前位。在环境治理方面，2016 年江西省完成植树造林 208 万亩、森林抚育 560 万亩。在节能减排方面，主要污染物减排完成年度任务，万元 GDP 能耗下降 4.9% 左右。在相关制度建设方面，江西启动了排污权有偿使用和交易、环境污染强制责任保险试点。

虽然江西的经济发展水平在全国仍然处于中游水平，但正是借助于

---

① 江西省统计局（http：//www. jxstj. gov. cn/News. shtml? p5 = 12）。

② 江西省统计局（http：//www. jxstj. gov. cn/News. shtml? p5 = 9279363）。

"后发优势"，能够使其在发展经济的过程中不再走"先污染后治理"的老路，而是在发展经济的同时开展生态文明建设。2014 年，中央部委批复江西成为全国首批全境纳入生态文明先行示范区建设的省份。江西建设生态文明得到了更大力度的政策与制度支持。不过，虽然近年来江西在生态文明建设领域取得了一定的成效，但仍然面临着许多问题，主要表现在以下方面。

（1）产业结构调整仍然显得滞后。虽然江西省的第三产业正逐渐发展，但工业仍然占据着江西省产业结构的"重头"。由于江西依然有着发展经济的迫切性，并且矿产资源十分丰富，因此在未来，高能耗、高污染的企业仍将大量存在。近年来，江西产业结构中的"三高"行业产能迅速扩张，加大了江西节能减排和工业污染治理的压力和难度。要构建低资源消耗、低污染、低能耗、高附加值、适应生态文明发展要求的新型产业体系，江西省还有很长的路要走。

（2）生态环境脆弱，保护生态环境的形势依然严峻。江西与其他省相比，确实具有一定的生态优势，但是这种优势并不是建立在经济发达、工业化程度高的基础上，相反"江西的生态优势是建立在工业化程度比较低的基础上的，是一种原始性的生态优势，因此它非常脆弱"①。随着工业化进程的加速，工业化与可持续发展的矛盾会越来越尖锐，江西省面临的生态压力也将越来越大。事实上，在当前，江西已经由于过度开发自然资源而导致资源锐减，例如耕地面积减少，水土流失的面积逐渐增大且分布更为广泛，由此引起的自然灾害所带来的损失也越来越重。

（3）原有的体制制约着生态文明建设的深入发展。首先表现在政绩考核方式上。地方政府以 GDP 考核政绩，不唯江西独是。在发展地方经济上"唯 GDP 论"，使地方官员为了政绩，热衷不断提高地方经济增长指标，这一做法已经极大影响到了生态文明建设以及新的、合理的、绿色的、可持续的经济发展观念的树立。虽然江西在 2013 年出台了《市县科学发展综合考核评价实施意见》，把生态环境保护成效、环

---

① 江西省社会科学院课题组：《江西建设全国生态文明示范省研究》，《鄱阳湖学刊》2013 年第 6 期。

保投入和能力建设等作为主要考核指标，但长期以来形成的官员"唯GDP论"等惯性思维与机制，使各级政府盲目开展经济规模、增长率等"硬指标"的恶性竞争，一时难以根除。其次表现在政策法律法规方面。江西生态文明建设相应的政策法规、制度和考核体系尚不健全，许多良性的经济与社会机制有待形成与进一步完善。

（4）生态文化、生态观念意识仍然缺乏。无论是对于政府、企业还是普通民众而言，绿色生态的思想观念还未完全树立，仍然比较淡薄，对于推进生态文明建设的重要性认识也不足。此外，"目前环境保护还是以政府主导、以行政手段为主，没有形成企业和公众的自觉行动。环保宣传教育、生态创建意识、绿色消费理念和绿色创建活动力度还不够，没有形成全民自觉参与生态文明建设的良好社会氛围"[1]。

在未来，江西省生态文明建设要转变传统的经济发展观念，正确处理好经济发展与生态环境保护的关系，树立生态理念，并且积极开展体制改革，健全法律法规，发展生态产业，努力调整产业结构，建设为全国生态文明示范省。

（1）不断转变产业结构，大力发展生态产业，积极改造传统产业，逐步实现经济增长从粗放型向集约型的转变。对于高污染、高能耗的企业，一定要对其生产经营进行有效的规范与监督。重点培育和发展一批以新材料、新能源、高端装备制造为代表的新兴产业。此外，还应大力发展生态工业园区，或者促使传统的经济技术开发区与高新技术开发区向新型的生态工业园区转型。在生态工业园区中发展绿色经济、循环经济、低碳经济，促进废旧物、废旧资源的再利用，形成工业共生关系。

（2）坚持体制改革，完善相关法律法规。首先，努力扭转传统的"唯GDP论"，将新的"绿色GDP"的理念融入生态文明建设的政绩考核考评体系，尝试实行具有差别化的绩效评价考核制度，将生态经济、生态保障、生态承载力、生态环境和生态发展等内容纳入考核体系，改革政绩考核体系，规范政府行为，为生态文明建设提供必要的制度保证。其次，强化政府在生态文明建设中的主导作用，建立和完善生态文明建设的法律法规体系和制度保障体系。最后，建立和完善江西生态产

---

[1] 杨锦琦：《江西生态文明建设现状及对策研究》，《经贸实践》2015年第6期。

业政府支持制度，例如对新兴产业给予税收政策的支持；建立完善生态补偿机制；建立排污权交易试点，建立有利于引导各类利益主体参与可持续发展的价格调节机制等。

（3）大力弘扬和宣传生态文化，逐步在全省范围内树立生态理念。通过生态文明理念的宣传，使广大民众逐渐形成绿色的消费与生活方式，并通过社会舆论的引导，培育民众的生态文明意识。

五　地方政府生态文明建设的不足

通过对当前中国工业园区产业转型，以及各地生态文明建设实践的梳理，我们发现，中国在认识到"先污染后治理"的粗放型经济发展模式对整个经济社会以及生态环境的巨大破坏之后，开始逐渐走向了寻求经济、社会与生态环境相平衡的可持续发展道路。首先，以中央政府出台的各项涉及环保与生态文明建设的法律法规为核心，政府层面已经基本建立了涉及环境保护的法律法规体系，并且在产业转型的过程中倡导转变经济发展方式，尤其在中共十八大将生态文明建设的重要性放置在一个新高度。同时，对于各地官员的考核已不再"唯 GDP 论"，而是提出了"绿色 GDP"概念，试图通过官员晋升机制的调节，增强地方政府的环保动力。其次，当前中国各个地区的工业园、高新工业园以及生态工业园如雨后春笋般大量出现，无论是东部的先富地区，还是中西部的欠发达地区，都开始尝试"生态工业园"这一实践形式，有些地区已取得不错的效果。最后，当前普通民众的环保意识空前增强，各地的反 PX"散步"以及对反映中国当前严重雾霾的纪录片《苍穹之下》的热议，都反映出当前民众对于环境保护的关注度之高，并渴望参与到环境公益事业之中。在 PX 事件中，公众舆论甚至能够影响到地方政府的环境决策。

尽管我们在工业园区的产业转型以及生态文明建设实践中取得了一些成果，然而沉浸于这些成果，忽视实践中仍存在的各种问题是愚蠢的。我们发现，当前以建设生态文明为核心的环境治理依然存在以下问题。

（1）从整个国家层面来看，虽然早在 2005 年便提出了转变经济发展方式，努力建设"资源节约型、环境友好型"社会，但产业发展的路径依赖依旧坚固。不得不承认的是，近年来我国的整体产业结构并未发生根本变化，高能耗、高污染、低产出、低效益的产业发展方式，依然没有被扭转。仅仅依靠末端治理的方式，已不足以应对日益严重的环境污染与生态危机。

（2）在当前中国社会，环境政策的制定与执行之间存在着巨大的偏差。这种偏差表现在：一方面，国家将生态文明建设提至战略高度，并在政府层面制定了大量法律法规；另一方面，生态环境每况愈下，民众的不满日益上升，并不断质疑政府在环保事业中的公信力。究其原因，有学者将中国环境政策的制定系统概括为"党控制下的有限多元主义模式"①。在这种模式下，中央的政策更多地被地方政府解读为"象征性政策"，具有抽象性与模糊性的特征，因此在执行过程中不可避免地出现偏差。其次，政策执行系统的行动者与权力结构则表现出"利益多元化、权力集中化、责任碎片化"②的特征，该特征极大地增加了地方官员在执行环境政策时产生偏差的概率与风险。

（3）分税制改革之后的现有财政体制，一定程度上约束了地方政府的环保行动，压制了它们的环保热情。分税制改革使得地方政府的事权与财权之间不匹配，地方政府的事权远远多于财权，为了缓解地方财政压力，增加地方收入，地方政府"往往在诸多方面让步于能带来税收的各种投资项目，而当这些项目同时又具有较大环境风险时，政府一贯的亲商表现将'环保优先'往往化为一句口号。同时，地方环保部门的经费预算受制于地方政府的财政，这一状况也在一定程度上造成了地方环保部门的'弱势'，影响了环保部门的管理工作"③。

（4）当前各级政府对于产业绿色化、发展生态工业园以及生态文明建设的认识、观念依然存在误区。"无论是理论认识领域，还是现实政策部门及宏观经济管理部门，或是实践经济领域，对于'环保产业'及'产业绿色化'的本质内涵缺乏清晰认识，进而也就对发展什么样

---

① 冉冉：《中国地方环境政治：政策与执行之间的距离》，中央编译出版社 2015 年版，第 217 页。

② 同上书，第 218 页。

③ 毕军：《环境治理模式：生态文明建设的核心》，《新华日报》2014 年 6 月 24 日。

的产业、以什么样的方式来发展才符合绿色化发展方向缺乏理论支持”①，其结果便是产业绿色化以及发展环保产业的核心要旨——转变现有的高耗能、高污染、不可持续的经济发展方式被忽视，一些部门仍然习惯性地将这些涉及环保以及生态文明建设的新政策当作“新的经济增长点”，在产业发展以及环境保护的思维与理念上并未有多大改变。这种思维上的误区所导致的实践层面的低成果、低效益，是值得深思的。

（5）在环境治理体制方面，没有发挥各个主体的参与热情，各个主体也缺乏稳定的、机制性的参与渠道。尤其是生态文明建设，它不应仅仅成为政府的责任，而应成为整个社会的责任，发挥社会的力量共同参与到生态文明建设之中。西方社会的生态文明建设之所以在全世界处于领先地位，一个重要的原因便是除政府与企业之外，大量的社会组织、舆论媒体以及普通的公民都积极参与环保行动，发挥建设性的作用与监督功能。反观国内，倡导环保的民间组织依然身份模糊，行动空间有限，而普通公民参与环境保护的行动渠道也未实现制度化。建立一个囊括整个社会的生态文明建设的各主体参与结构，任重而道远。

第三节　国内外工业园区产业转型与生态文明建设的启示

通过以下对西方发达国家以及现阶段我国生态文明建设实践的梳理，我们有必要对这些宝贵的实践进行归纳总结。对于西方发达国家而言，我们要总结其先进的经验，知晓其生态文明实践之所以成功的原因所在。对于我国而言，我们既要承认我们在短时间内建设生态文明所取得的重要成果，也要认清事实：中国未来实现生态现代化、建设生态文明社会还有很长的一段路要走。我们也亟须了解当前中国在生态文明建设中的不足，总结经验教训。

西方发达国家在生态文明建设上已经取得了令人瞩目的成就，甚至

---

① 钟茂初：《产业绿色化内涵及其发展误区的理论阐释》，《中国地质大学学报》（社会科学版）2015 年第 3 期。

可以说，西方发达国家已经基本实现了生态现代化。从西方国家的生态文明实践中，我们可以总结出以下几个特点或是经验。

（1）西方国家进行生态文明建设的起步较早，历史较长，至今已有半个多世纪。西方国家自18世纪60年代第一次工业革命之后，历经一两百年的发展，实现了经济发展的突飞猛进。然而，"先污染后治理"的发展模式所导致的恶果也同样令人触目惊心：大气污染严重，河流、湖泊因受污染而"变色"，土壤遭到重金属污染，森林遭到砍伐，各种公害疾病对人类的身体健康造成极大危害……正是意识到环境污染已经到了威胁人类存在发展的地步以及旧有发展模式的不可持续性，西方国家才开始进行生态文明建设，在继续努力发展经济的同时，开始大力整治生态环境。如今，西方发达国家在产业结构上基本完成了以工业为代表的第二产业向以服务业为代表的第三产业转型，第三产业在整个国民经济中的比重已占60%—70%甚至更高，传统的高能耗、高污染的产业逐渐被新兴的高科技产业所替代。在生态环境治理上，一系列政策法律的出台以及众多主体的共同参与使得之前污染严重的生态环境得到根本扭转，环境质量明显好转。可见，生态文明建设需要一个漫长的周期，很难一蹴而就。在推进生态文明建设的过程中，尤其要避免急功近利的心态，从体制层面深化改革，针对生态文明建设构建一个长远、科学的规划。

（2）西方发达国家在生态文明建设的过程中，始终遵循"保护性开发"的原则，避免了大拆大建导致的资源浪费，而是在经济、环保理念的指导下，对原工业时代遗留下来的厂区、设备等资源在保护的基础上进行经济开发，从而实现了产业转型、经济增长与环境保护的协调和平衡。最典型的便是一些以传统制造业为支柱的老工业基地，如德国鲁尔区的实践。即使是高污染、高能耗的企业，我们亦能将其视为工业革命时代的遗产、人类在某一文明时期的代表。因此，保护性开发不仅能够最大限度地降低经济产业转型的成本。这个成本既包括经济上的，也包括环境上的，更重要的是体现出人类发展的新理念：在树立可持续发展理念的同时，珍视以往的一切人类文明成果。这不仅有利于保护当地的生态环境，更体现出对人类文明成果的莫大尊重。

（3）科技创新成为建设生态文明的持久动力。值得注意的是，西方发达国家建设生态文明的历程几乎与第三次科技革命的历程相等。毫无疑问，科技在促进经济结构转型以及生态环境保护方面发挥着重要的作用。正是借助于持续的科技创新，传统的老工业区才逐渐为新兴产业所替代，即使是以高污染、高能耗为特征的制造业，也由于科技的进步而逐渐向低碳、循环的工业链转型。科技的创新，既离不开政府政策的引导与推动，也离不开在一个利于科技创新的环境中让企业自发地、主动地进行技术革新。

（4）在发展模式上，西方发达国家逐渐将对生态环境的保护融入经济发展的整个过程。在以往，对于环境的治理仅仅限于"末端治理"，即限制污染物排放量或个人、企业对于资源的消费上，这种做法治标不治本。西方国家逐渐改变了这种陈旧的做法，生态环境保护与经济发展不再割裂，而是一体两面。经济效益与环境保护不再是对立的，而是能够相互促进、共同发展。最为典型的便是生态工业园在西方国家的发展。生态工业园作为新型的经济开发区，努力使园区内的企业形成相互依赖、相互促进的工业共生关系，企业之间相互利用废弃物资源实现循环利用，打造绿色经济、低碳经济、循环经济。这种新的产业模式不仅使企业的经济效益获得增加，也促进了整个社会的生态环境保护事业。

（5）在参与主体方面，西方发达国家参与到生态文明建设的并不仅仅限于政府与企业，还包括数量众多的社会组织以及广大的普通民众。经过半个多世纪的生态文明建设，在当前，西方国家已经发展出了广为全社会所接受的生态文化，生态环保理念已经成为全社会的共识。生态环保不仅是政府、企业的责任，也是每一个公民的责任与义务。各种社会组织与公民的积极参与，不仅极大地推动了生态文明建设的深入发展，也建立了一个立体的、多层次的舆论监督网络，成为规范政府与企业行为的重要力量。在当下的西方社会，环境话语已成为政治讨论中一个重大而无法绕开的议题，对于本地区、其他地区甚至全球生态环境的关注，已经促成了环境政治的形成。

反观当前的中国社会，我们在生态文明建设领域已经取得了一系列进展，十八大将生态文明建设放在突出地位，将生态文明建设与经济建设、政治建设、文化建设、社会建设共同构成了全面实现小康社会的

"五位一体"的目标体系的阐述，更体现了国家高层推进生态文明建设的决心。可以说，中国生态文明建设正处在一个"最好的时代"。从国家决策层面来看，无论是对生态文明建设"五位一体"的表述，还是将"美丽中国"作为未来中国社会发展的一个重要目标，生态文明建设已经被纳入国家战略发展的"顶层设计"。在未来，国家对生态文明的持续关注、政府对生态文明的政策与财政支持是生态文明建设的重要保障。而且，当下中国经济已经迈开了经济结构转型的步伐，第三产业的发展受到积极鼓励，对传统工业的改造与新兴产业的扶持也在同步进行，中国正在努力扭转改革开放30多年来所形成的"先污染后治理"的发展模式，开始注重将经济发展利益与生态环境保护相协调。在发展理念上，绿色GDP理念受到鼓励，绿色、低碳、循环的经济发展理念正在生态工业园区的建设中被努力转化为现实。在生态文化方面，广大民众的环境意识开始觉醒，民众对环境问题的持续关注也成为中国生态文明建设的群众与民意基础。

虽然当前的中国社会正处于生态文明建设的良好发展期，但是一系列问题的存在仍然对生态文明建设构成了极大的障碍。如何破除这些障碍，将是未来中国建设生态文明所必须面对的问题。

（1）单纯以经济指标作为依据的政绩考核方式，成为阻碍生态文明建设的重大障碍。无论是在经济发达的江苏省、浙江省，还是在经济相对不发达的江西省，我们都能看到政绩考核方式的陈旧已经不适应当前开展生态文明建设的新形势。单纯以GDP为指标的政绩考核方式，会使地方政府有意或无意地忽视自身在环保事业中的责任与义务。而政绩考核所形成的"锦标赛"制度，则让地方政府将主要注意力放在经济发展上，甚至将生态文明建设作为一个新的"经济增长点"，这种观点完全违背了生态文明建设的理念。生态环境的保护、生态文明的建设与中国社会的政治结构息息相关。当前政府行政体制中的一些结构性问题，已经对生态文明建设造成了不良的影响。只有坚持不断推进改革，在体制、政策、法律三个方面不断创新，才能为生态文明建设的有序发展，提供良好的基础。

（2）当前中国社会对于"经济发展"的渴望属于"刚性需求"，而这个需求与脆弱的生态环境之间极不平衡，经济发展的需求有可能会继续恶化生态环境。中国正致力完成 2020 年全面实现小康社会以及 2050 年基本实现现代化的目标，因此，虽然当前中国经济的高增长难以为继，中高速增长将成为经济"新常态"。但从长远来看，中国经济对于经济增长的渴望使得高能耗、高污染行业在今后仍然会继续存在，甚至在某些地区所占的比重还会增加。如何既实现经济发展又保持经济、社会、环境的相协调、相平衡，是未来中国社会向前发展的重点与难点。

（3）从参与生态文明建设的主体来看，生态文明建设在当前的中国社会仍然由政府主导，企业虽然也有参与，但由于缺乏应有的政策、财政、税收以及法律支持，企业的参与动力并不高。比较典型的便是，即使在一些地区的生态工业园区内，园区企业进行环保技术创新的动力也不强烈。如何调动企业的参与积极性，开展技术创新、履行企业社会责任，是未来生态文明建设的一个必须努力的方向。此外，与西方国家相比，中国社会组织与广大普通民众缺乏参与生态文明建设的渠道。事实证明，在西方发达国家，广泛的社会参与和环境监督是实现生态现代化的重要条件。因此，如何推动社会组织与广大民众参与环境保护，发挥人民的智慧，是中国未来开展生态文明建设的重要方面。

当然，还有政府所持的发展理念，整个社会的生态文化建设等，这些都没有跟上当前生态文明的建设步伐。在未来，中国社会生态文明的最终实现，不能仅仅依靠政府的政策推动或是将其作为经济发展的"噱头"以此刺激地方官员投身环保事业，而是需要政治、经济、社会、文化等多方面的体制与观念的革新。

第三章

苏南工业园区产业转型的制度设置

产业转型是一项系统工程，它的实现取决于多重因素。本章探讨的是产业转型的制度环节。从制度环节来看，产业转型既涉及制度约束，还涉及制度激励。在很大程度上，正是相关制度的倒逼机制，使得产业转型升级不断推进，并促使地方政府出台相应的配套制度。在新的历史起点上，苏南工业园区的产业转型面临着很多现实压力，既存在经济发展与污染物排放间的矛盾，还存在经济下行压力。因此，为推动苏南工业园区新一轮的产业转型升级，需要进行相应的制度优化和制度革新。

第一节　产业转型的倒逼机制

产业的转型升级，既源自内生的动力机制，又存在外部的倒逼机制。就倒逼机制而言，苏南产业转型是在经济"新常态"、环境损害终身追究制、苏南模式的生态挑战、不断健全的监督体系和频发的化工爆炸事故等因素的刺激下逐渐实现的。这些倒逼机制，促使苏南工业园区必须实施"保、调、减、退、提"等策略，推动产业转型，加强生态文明建设。

一　经济步入"新常态"

2014年4月，习近平总书记在河南考察时首次提出了"适应新常态"这一命题。同年9月召开的亚太经合组织工商领导人峰会期间，习近平对中国经济"新常态"的特征做了概括：在速度上，是从高速增

长转为中高速增长；在结构上，是不断优化升级；在动力上，是从要素
驱动、投资驱动转向创新驱动。① "新常态"的内涵丰富而深刻，从生
态文明建设的角度来看，包括以下理论要点：生态平等的新价值观，
"五位一体"组成部分的新战略观，"绿水青山就是金山银山"的新资
源观，"保护环境就是发展生产力"的新经济观。② 在"新常态"的背
景下，工业园区需要"告别过去传统粗放的发展模式，进入高效率、低
成本、可持续的中高速增长阶段"③。

　　在经济"新常态"的背景下，苏南工业园区积极谋划产业转型升
级的战略举措。比如，在"新常态"下，南京化工园区的产业定位更
加清晰，近年来重点整治"三高两低"（高消耗、高污染、高危险以及
低产出、低效益产业），逐步形成新材料、新能源等新兴产业集群，引
进了大批国内外先进企业。为进一步推动园区转型和产业升级，南京将
加快发展下一代信息网络、智能电网、生物医药、节能环保等战略性新
兴产业。目前，南京战略性新兴产业主营业务收入已经超过石化、钢
铁、建材等三大传统产业的总和。这些变化已经使南京的经济增长速度
从高速进入中高速的"换挡期"——告别曾经高达17%以上的增速，
转到10%左右的合理调控区间。④ 在经济"新常态"的倒逼机制下，苏
南工业园区按照党的十八大报告提出的"绿色发展、循环发展、低碳发
展"理念，稳步推进产业的可持续发展和包容性发展，并取得了新的成
效。2014年11月，国务院正式批复，南京、苏州、无锡、常州、镇
江、昆山、江阴、武进等8个高新技术产业开发区和苏州工业园区建设
苏南国家自主创新示范区，这对于整合政策、资金和资源禀赋要素，统
筹推进苏南工业园区的产业转型，具有重要的战略意义。

二　环境损害终身追究制

　　党的十八大提出了深入贯彻落实科学发展观，促进国民经济又好又

---

　　① 新华网：《习近平首次系统阐述"新常态"》（http：//news. xinhuanet. com/politics/
2014 – 11/10/c_ 127195118. htm）。

　　② 赵建军：《"新常态"视域下的生态文明建设解读》，《中国党政干部论坛》2014年第
12期。

　　③ 曹立：《中国经济新常态》，新华出版社2014年版，第1页。

　　④ 戴六华、张璐：《"新常态"下的南京作为》，《南京日报》2014年12月12日A1版。

快发展，实现全面建成小康社会奋斗目标的新要求。这种战略布局，要求工业园区必须大力推进经济结构战略性调整，提高工业园区的可持续发展能力和国际竞争力。党的十八届三中全会以来，中共中央和国务院印发了《中共中央关于全面深化改革若干重大问题的决定》《生态文明体制改革总体方案》《中共中央　国务院关于加快推进生态文明建设的意见》等多份文件，对推动产业转型提出了明确要求。

如果说上述文件是产业转型的指导方略的话，那么中共中央办公厅和国务院办公厅于 2015 年 8 月印发的《党政领导干部生态环境损害责任追究办法（试行）》（以下简称《办法》）则是硬性约束机制。该《办法》的出台，既体现了政绩考核机制的变化，也建构了终身追究制度。该《办法》的第十二条提出，"实行生态环境损害责任终身追究制。对违背科学发展要求、造成生态环境和资源严重破坏的，责任人不论是否已调离、提拔或者退休，都必须严格追责"。众所周知，在该办法出台之前，政府官员往往只管招商引资，一旦离任，对后续环境问题就不负具体责任。而招商引资数量以及产业的 GDP 和税收等情况，往往是其政绩的重要体现，是其升迁得以可能的关键支撑。因此，招商引资中的环评等环节沦为形式的情况，可谓屡见不鲜，环保监测时常形同虚设。经济发达地区被淘汰的落后产能，往往是经济欠发达地区的"座上宾"，有些地方在招商引资过程中甚至美其名曰"我们的环境容量大"。在此背景下，产业转移往往隐含着污染转移这层潜台词，承接产业转移地的"工业园区"往往沦为"污染园区"。而"生态环境损害责任终身追究制"的出台，无疑成为一道紧箍咒，使得地方政府必须按照生态文明建设的要求，切实落实环境影响评价等制度，建设绿色型和生态型的工业园区。

三　"苏南模式"的生态挑战

"苏南模式"是在乡镇政府的推动下，以发展乡镇企业和集体经济为主的发展模式，是苏南地区通过发展乡镇企业实现工业化和非农化的路径。"苏南模式"这个概念最早是费孝通提出来的，他认为，"苏南这个地区在农村经济发展上自成一格，可以称为一个'模式'"①。费先生在发展模式方面提出了一些著名论断，比如，"无农不稳、无工不富、无商不活"等。

"苏南模式"开创了中国特色的农村工业化道路，创造了经济奇迹，一度成为中西部地区和经济欠发达地区学习和模仿的典范。但是在20世纪80年代末到90年代初，很多地区在学习"苏南模式"的过程中，不但没有将经济发展起来，还造成了严重的水污染、土壤污染等环境问题。在苏南地区，"村村点火、处处冒烟"的工业化在带动苏南经济快速发展的同时，同样造成了严重的生态破坏与环境污染问题，特别是印染、电镀、水泥等产业的工业废水直排和偷排现象，一度十分严重。由此，传统的江南的鱼和米不但没有了"鱼米之乡"的产品优势，甚至连当地人都不敢吃自己的鱼和米②，因为他们担心重金属污染引发疾病和健康风险问题——日本的水俣病就是污染导致疾病和死亡问题的典型教训。③ 此外，诸如太湖蓝藻等严重的水污染事件不但导致水乡之人无水喝，而且引发了社会失序——环境污染导致的群体性事件。在此背景下，学界和政府开始纷纷反思苏南模式的弊病和缺陷。江苏省政协副主席麻建国坦言：作为"苏南模式"开创者之一的无锡，其未来规划需要"建立在对过去发展所导致的严重污染痛定思痛的基础上"。无锡开创了"苏南模式"，但是"去过无锡的人也许会发现，无锡太湖水已污染得不成样。自然环境的恶化是我们发展导致的后遗症"④。在"苏南模式"生态挑战的倒逼机制下，苏南工业园区不得不加强产业转型。政府部门在招商引资时，逐渐超越了过去的"唯GDP论"，开始重视"招商选资"，同时对工业园区现有的产业加强资源整合，淘汰落后产能，加快"腾笼换鸟"的步伐。

---

① 费孝通：《行行重行行——乡镇发展论述》，宁夏人民出版社1992年版，第538页。
② 陈涛：《产业转型的社会逻辑——大公圩河蟹产业发展的社会学阐释》，社会科学文献出版社2014年版，第173页。
③ Funabashi H. , "Minamata Disease and Environmental Governance", *International Journal of Japanese Sociology*, 2006.
④ 霍朗：《坦承"苏南模式"破坏环境——无锡五年规划"痛定思痛"》，《第一财经日报》2006年9月18日A4版。

四 不断健全的监督体系

为了更好地推动生态文明建设，建设绿色工业园区，苏南地区不断建立健全社会监督体系。宏观上看，苏南地区的监督体系包括4个部分：一是来自政府职能部门的环保检查，二是"电子警察"等现代监测系统，三是公众对排污现象的监督举报和投诉，四是苏南地区发明的河长制。

政府部门的例行环保检查，受到人力和信息等多方面的限制，检查效果不佳现象比较明显。而且，人工检查不能有效地杜绝企业的偷排问题。为了弥补这一短板，政府部门启动了电子监测工程，有的数据可以直接传到国家环保部，有的则是传到省环保厅或市环保局。我们调查发现，电子监测具有两项重要功能。一方面，在重要流域和化工类企业附件安装电子监测系统和水质自动监测系统①，这样可以24小时严密监控水质，能连续、及时、准确地监测化工园区或重点企业排污口的水质及其变化状况，从而可以预警预报重大或流域性水质污染事故。另一方面，我们在南京市东阳污水处理厂的调查发现，污水处理过程中设置出水在线检测室，可以避免数据造假等问题，确保所处理的水质能够达到达标排放的标准。由此，"电子警察"的投入不仅取得了良好的环境效益和社会效益，还能带动相应的环保产业发展，从而实现良好的经济效益。

水质在线监测系统的监测功能虽然很好，但有时仍会被企业篡改数据，导致监督失灵。同时，在过去的很长一段时间内，尽管公众的监督举报现象不断，但环保部门的执法力度有限，甚至存在着"看得见、管不着"的现象，因为环保局存在着"稻草人化"的角色式微困境。② 但是随着新《环保法》的实施以及网络媒体的发展，公众的监督能力明显增强，环保局等执法部门开始具有了威力。2014年，南京经济技术

---

① 在线监测系统一般包括化学需氧量（COD_{Cr}）在线自动监测仪、总有机碳（TOC）水质自动分析仪、紫外（UV）吸收水质自动在线监测仪、pH水质自动分析仪等水污染源在线监测仪器等。

② 陈涛、左茜：《"稻草人化"与"去稻草人化"——中国地方环保部门的角色式微及其矫正策略》，《中州学刊》2010年第4期。

开发区的污染问题就遭到了市民举报,企业责任人因此被行政拘留,排放污染的水泥厂被关停。

南京中国水泥厂数据造假粉尘污染居民头疼责任人被拘

2014年7月底,南京市经济技术开发区环保局接到投诉,位于栖霞区的中国水泥厂有限公司涉嫌排放废气超标,污染环境,但是从环保局的监控平台上来看,企业各项污染物排放指标全部达标,这是怎么回事?

调查发现,分析机(负责数据采样)和工控机(负责数据传输)之间连了几根崭新的导线,而这几根导线都接着公司办公室的抽屉,抽屉里则藏着一台可调控电阻器,可以随意篡改监测数据:"它这里面设了两个开关,一个控制二氧化硫,一个控制氮氧化物,下面有两个旋钮,通过旋转旋钮,上传给环保局二氧化硫和氮氧化物的数据,可以随意调节,一直可以降到零。"

查实后,该企业被处以20万元行政罚款,并被要求补交排污费近260万元。同时,企业相关环保责任人因篡改、伪造监测数据,被处以行政拘留5天。①

2007年太湖蓝藻事件爆发后,苏南地区进一步加强对水环境的监督力度。其中,无锡市创造性地实施了河长制。所谓河长制,是由各级党政主要领导担任河流的"河长",负责辖区内河流的污染监督和环境治理。就本质而言,它是环保问责制所衍生出来的污染治理制度,全国很多地方已经采用了河长制。我们在无锡大华镇②对河长制的运行状况做了实地调查。

由于化工园区的污水偷排现象严重,大华镇的河流污染曾一度比较严重。加上周边社区居民的生活污染,普通河道的污染问题尤

---

① 卢斌:《南京中国水泥厂数据造假粉尘污染居民头疼责任人被拘》(http://news.eastday.com/eastday/13news/auto/news/china/u7ai3766197_K4.html)。

② 按照学术惯例,大华镇做了匿名处理。

其严重。为了维护河道清洁，更好地管理河道，大华镇政府实施了河道管理责任到人的措施。即每一段河道上都会插上一块木牌，上面明确注明负责人的姓名和所属的村民小组。每一段河道都由专人来负责监督日常的清洁工作，这些负责人由附近所在的村民来担当。因此几乎每个人都知道哪个河道是由哪个人具体负责监督的，也都看得出来这个人的清洁工作做得怎样。我们在调查期间发现，每一段河道都保持得非常干净。

当地人将这种管理责任到人的措施称为河长制。如果某工业园区有污水直排现象，河长一般都是知道的。通过河长制，政府与村民之间就能形成良好的互动：村民不再置身事外，把环保的所有希望都寄托在政府身上，相反则是自己也参与其中，成为负责社区清洁的一分子；通过促进社区居民对河道的管理和维护，政府身上的负担也减轻了，节省了财力和人力。

河长制的基本内涵有两点：一是专人责任制。在整个地段按照一定的空间距离实行包干责任制，在跨界地段设置污染专门责任人，给专门责任人配备基本的监测工具，实行水质包干。二是首长问责制。凡是检测出环境出问题的区域，由该区域的行政首长负责，就是将行政中的问责制引入环境保护领域。河长制有助于创新政绩考核制度，河长制的运行将地方行政首长直接与其所辖地的环境问题挂钩，对于预防和治理工业园区的污水直排和偷排问题具有重要的作用。

五　频发的化工爆炸事故

近年来，我国工业园区的化工爆炸事故频发（见表3—1），不仅造成了重大经济损失和环境污染，而且导致了严重的人员伤亡和健康风险问题。同时，这些化工爆炸事故经由媒体传播，谣言四起，引起了民众的恐慌情绪，有的甚至引发了踩踏等事故以及警民冲突等群体性事件。因此，它已经对社会秩序和社会稳定产生了深刻影响。在此背景下，苏南加快了工业园区特别是化工园区的转型步伐。

表 3—1   近年来的典型化工爆炸事故（2010—2016）

顺序	时间	地点	基本内容
1	2016 年 12 月 5 日	洛阳	洛阳市高新区洛阳智邦石化设备有限公司发生一起液化石油气爆炸生产安全事故，造成 1 人死亡、5 人受伤
2	2016 年 11 月 29 日	济南	济南西郊一混凝土添加剂车间罐体发生爆炸，无人员伤亡。事故造成京沪高铁桥接触网断电，部分高铁列车停运
3	2015 年 8 月 12 日	天津	天津港国际物流中心区域内瑞海公司所属危险品仓库发生爆炸，导致轻轨东海路站建筑及周边居民楼受损。事故造成 112 人遇难，并造成重大经济损失
4	2015 年 8 月 5 日	常州	江苏常州一化工厂爆炸，两个甲苯类储罐爆燃。爆炸点位于常州新东化工发展有限公司车间。该企业是以氯碱和聚氯乙烯产品为主的综合性化工企业，规模较大
5	2015 年 4 月 6 日	漳州	福建省古雷镇 PX 化工厂发生爆炸，这是该厂自建厂以来发生的第二次爆炸。重油燃烧的烟尘是普通汽柴油的 1.5 倍，油罐烧了一天一夜后，对周边大气环境，特别是下风向产生了比较明显的影响
6	2015 年 6 月 28 日	鄂尔多斯	内蒙古准格尔经济开发区伊东九鼎化工有限责任公司发生爆炸，事故原因为该企业净化车间换热器发生氢气泄漏造成闪爆，致使 3 人死亡、6 人受伤
7	2015 年 6 月 12 日	南京	南京化工园区的德纳化工有限公司发生爆炸，事故造成相邻的六个储罐中的三个着火。一名参与救援的消防队员和三名参与救援的工人有轻度灼伤
8	2014 年 4 月 16 日	南通	江苏省东陈镇双马化工公司发生硬脂酸粉尘爆炸事故，事故造成 8 人死亡和 9 人受伤
9	2013 年 6 月 2 日	大连	中石油大连石化分公司着火，火灾造成 2 人受伤，2 人失踪
10	2012 年 2 月 28 日	石家庄	河北克尔公司发生重大爆炸事故，造成 25 人死亡、4 人失踪、46 人受伤
11	2010 年 12 月 30 日	昆明	昆明市的全新生物制药有限公司片剂车间发生爆燃事故。事故共造成 5 人死亡，12 人受伤
12	2010 年 7 月 28 日	南京	南京栖霞区一个废弃的塑料化工厂发生爆炸。事故造成 13 人死亡和 120 人住院治疗，引起社会广泛关注

资料来源：根据新华网、中国网以及界面网（http://www.jiemian.com/article/351775.html）等进行的资料整理。

如表 3—1 所示，化工爆炸事故产生了重大的生态破坏和经济损失。近年来，南京出现了多起化工爆炸事故。其中，2010 年 7 月 28 日，位于栖霞大道的南京第四塑料厂拆迁工地出现丙烯泄漏，引发了爆燃事故，导致 13 人死亡和 120 人住院治疗。发生爆炸的栖霞区就是石油化工产业的集中地[①]，离南京经济技术开发区并不远。此外，2015 年 4 月的南京扬子石化厂区爆炸事故和 2015 年 6 月的南京化工园区德纳化工公司爆炸燃烧事故，同样引起了全国媒体的广泛关注，也对南京重化工搬迁计划加速推进形成了倒逼机制。事实上，每次化工爆炸事故，不但会掀起安全大检查活动，而且会启动严格的问责机制。可以说，诸如此类的化工爆炸事故给事发的工业园区和全国的工业园区都敲响了警钟，这是推动产业转型的重要外部压力机制。

第二节　产业转型的基本历程

在 20 世纪 70 年代中后期，苏南地区开始发展社队企业，而后逐渐发展成为乡镇企业，成为"苏南模式"的主要支撑点。但是遍地开花的工业模式特别是粗放型工业发展模式，导致了严重的环境污染问题，其中水问题尤为突出。在此背景下，苏南地区开始逐步加强产业的优化升级，并通过工业园区建设形成产业集聚。在工业园区建设早期，由于"政经一体化开发机制"[②] 的存在，地方政府在招商引资的过程中常常"慌不择食""饥不择食"，只要能带动 GDP 增长往往都会想方设法地收入囊中。但到了 20 世纪末期特别是进入 21 世纪之后，民众的环境意识和权利意识开始提升，环境信访以及环境群体性事件明显增加。同时，在全国环境问题日趋白热化的情况下，中央启动了多项专项治理以及问责机制。于是，在国家自上而下的环保要求和苏南地区民众自下而上的利益诉求这双轮驱动机制下，苏南工业园区的转型升级逐渐深入。

---

① 李润文、李敏：《南京"7·28 爆炸"：居民区包围化工厂的隐患》，《中国青年报》2010 年 8 月 3 日。
② 张玉林：《政经一体化开发机制与中国农村的环境冲突》，《探索与争鸣》2006 年第 5 期。

一　产业转型起步阶段（2000 年以前）

自 20 世纪 70 年代发展社队企业以来，苏南工业发展速度很快，并成为全国借鉴、学习甚至模仿的样板。到了 20 世纪 80 年代特别是 90 年代中后期，苏南工业园区建设就已经比较重视环境保护，开始强调产业转型。但是从整体上看，当时的产业转型主要处于理念先行阶段，除了国家经济技术开发区以及国际合作的工业园区外，乡镇和县市级的工业园区在产业转型方面并没有明显起色。

众所周知，在 1972 年斯德哥尔摩联合国人类环境会议上，中国就派出代表团参加，代表团回国后，中国政府开始着手从环保机构建设和制度建设入手，加强国内的环境保护事业。1983 年，第二次全国环境保护会议期间，中国将环境保护确定为基本国策。针对工业污染问题，国家还自上而下开展了相应的专项检查活动，对于规范工业园区建设和敦促污水排放的规范化产生了积极影响。当时，也提出了加快技术革新、"增长方式要从粗放型向集约型转变"的理念。对于中国这样的威权体制国家而言，国家层面的理念和要求，必然会对地方工业园区产生深刻的影响。作为国家工业化建设中具有典型意义的区域，苏南地区很快就采取了相应的政策举措和制度建设。在实践层面，有些小型作坊特别是家庭作坊开始逐渐告别历史舞台。同时，在大型工业园区建设方面，产业转型升级理念已经得到了重视和体现。其中，最为突出的就是 1994 年建立的苏州工业园区。作为中国和新加坡两国政府的合作项目，苏州工业园区"开创了中外经济技术互利合作的新形式"，通过引进外资和技术的方式促进了制造业的转型升级。苏州工业园区在建园之初，就强调节能、环保、减排和技术革新等理念，先后成为"中国首批新型工业化示范基地"和"中国首批生态工业示范园区"。但是需要指出的是，在这一历史时期，从整体上看，苏南工业园区产业转型的步伐迈得并不大。

二　产业转型快速推进阶段（2000—2006 年）

传统意义上的苏南，指的是苏州、无锡和常州。2000 年，江苏省政府将南京和镇江划入苏南范围。由此，这 5 个城市开始成为苏南这个整体而被绑定在一起。在这一时期，由于技术革新能力的明显提升，苏南地区加快了产业转型力度。

苏南工业园区粗放型发展模式的弊病在 20 世纪 90 年代末期已经清楚地呈现了出来，到了 21 世纪已经难以为继，亟待转型。2000 年以后，"苏南突出了以园区经济为载体提升制造产业技术含量，信息产业和现代制造业快速崛起，带动苏南制造业的迅速发展，使苏南进入一个以高科技为导向，以制造业为基础，工业化、信息化、城市化、国际化相互促进相互影响的发展阶段"①。不过在这一时期，国家依然强调的是"以经济建设为中心"，经济增长压力和政绩考核模式依然是地方政府官员头顶上的"紧箍咒"。因此，在工业转型快速推进的同时，化工、电镀、印染等产业所占的比重依然过大，粗放型发展模式依然存在，这种发展模式对苏南地区的环境负荷依然在持续增强。与前一历史阶段相比，尽管这一时期的工业园区的产业转型能力明显增强，产业转型步伐明显加快，但是由于环境历史欠账太多以及公众环境意识和权利意识的提升，环境信访数量明显增加，环境群体性事件"不减反增"，对社会秩序和社会稳定带来了挑战。

三　"三高两低"产业大淘汰阶段（2007—2011 年）

2007 年，太湖暴发蓝藻污染事件，其直接影响是无锡全城自来水遭受污染，居民饮用水和自来水面临严重短缺的困境，甚至由此引发社会恐慌情绪。太湖蓝藻事件反映了苏南地区多年治污效果不理想的尴尬境况，引起了中央政府的高度关注。同时，它也是一个标志，掀开了苏南工业园区落后产能大淘汰的帷幕。

在苏南地区，随着产业转型加快，污染严重、技术含量低的工业企业没有了生存基础，但是在监管相对薄弱的乡镇工业区，这些产业依然具有市场。太湖蓝藻事件后，国家和江苏省都加强了对苏南工业园区的监管力度。一方面，建立环境资源污染损害补偿制度。自 2008 年起，太湖流域拉开环境资源区域补偿试点工作序幕，以"谁污染谁付费，谁

---

① 徐宁：《苏南产业结构调整及其影响因素研究》，硕士学位论文，南京航空航天大学，2011 年。

破坏谁补偿"为原则，建立环境资源污染损害补偿机制。2009 年和 2010 年度累计收缴补偿资金约 2.6 亿元。[①] 另一方面，淘汰了一大批高消耗、高污染、高危险、低产出以及低效益即"三高两低"产业。通过关停并转那些污染问题突出、占用土地资源多、产出少的企业，苏南工业园区的产业结构得到了调整，环境质量也得到了改善。但是受世界金融危机的影响，中国的经济增长压力加大。2008 年，中央政府工作报告中明确提出了"保八"这一目标，随后"保八"这一口号对中国社会发展产生了深刻影响。但是经济"保八"不能恶化生态环境。于是，中央政府提出要"转方式、调结构""又快又好"的发展理念开始向"又好又快"转型。在此契机下，苏南工业园区加强了体制机制创新，推动了园区由粗放型增长到集约型增长的转型。

四　产业转型进入全面深化阶段（2012 年以来）

2012 年，中共十八大报告提出了经济建设、政治建设、文化建设、社会建设和生态文明建设"五位一体"的新理论，科学发展观成为党的指导思想。随后，国家层面启动了一系列举措建设生态文明。2015 年，史上最严的新版《中华人民共和国环保法》开始实施。由此，苏南工业园区进入了全面深化阶段。

中共十八大以后，苏南工业园区的"腾笼换鸟"步伐明显加快。一般而言，所谓"腾笼换鸟"政策，指的是为了推动产业转型升级，政府部门出台的挤出本地高耗能和重污染企业，引进高品质特别是知识密集型企业的一系列产业政策。在"腾笼换鸟"的两大任务中，挤出本地高耗能和重污染集群企业相对容易，而引进高品质企业则是产业升级能否成功的关键。[②] 2012 年以来，苏南工业园区的"腾笼换鸟"快速推进，并取得了明显成效。以南京高新技术产业开发区为例，为实现土地资源的高效利用，从 2012 年到 2014 年，园区收回低层次产业用地 25 公顷，用于发展环境友好型产业。2012 年，单位工业用地工业增加值

---

① 章轲：《太湖蓝藻大面积暴发可能性加大资金需求"僧多粥少"》（http：//www.yicai.com/news/2015/06/4630561.html）。

② 吴波：《集群企业迁移理论述评——兼对区域政府"腾笼换鸟"政策的反思》，《科学学研究》2011 年第 1 期。

达 15.7 亿元/平方公里。① 《南京市工作情况汇报》提供的资料显示：南京市加快"腾笼"速度，着力淘汰落后产能和过剩产能，积极调减存量。连年实施"三高两低"产业和化工生产企业整治行动，目前已累计关停并转 546 家企业，2015 年计划再整治 133 家。全面完成传统产业落后产能淘汰计划，累计关停淘汰落后水泥产能 675 万吨，淘汰炼铁能力 56 万吨和炼钢能力 110 万吨，淘汰印染能力 4200 万米、造纸能力 11.8 万吨、玻璃产能 207 万重量箱。严格执行控煤、节能、降耗、减排的质量技术标准，推进石化、钢铁、电力等行业技术改造。扬子石化、南钢等部分企业的单位能耗、水耗、物耗及主要污染物排放强度达到国内领先水平。2012 年，南京荣获"全省节能工作特别贡献奖"，2013 年，全市工业煤炭消耗总量历史上首次出现负增长。②

随着中国史上最严《环保法》的实施，苏南工业园区严格了环境准入制度。我们在南京经济技术开发区的调查发现，在项目准入方面，南京经济技术开发区环境保护管理部门严格执行环境影响评价、建设项目"三同时"③ 等制度，建设项目环评率、环保"三同时"执行率要求达到 100%。同时，严格执行建设项目环境影响评价审批制度。南京经济技术开发区对所有新建、改建以及扩建项目严格执行环评制度，执行率达到 100%。同时，禁止在开发区内兴建违反国家产业政策及开发区规划的项目。此外，在项目建设过程中，严格按照《建设项目竣工环境保护验收管理办法》的要求，做到污染防治设施与主体工程同时设计、同时施工以及同时投入使用，对未经环保部门验收合格的建设项目，一律不准投入生产。项目成熟一个验收一个，确保"三同时"执行率达到 100%。④

2012 年以来，国家级新区和中外合作的工业园区进一步加强资金投入和技术革新。以苏州工业园区为例，2012 年，园区"全社会生态

---

① 南京高新区管委会：《南京高新技术产业开发区创建国家生态工业示范园区工作报告》（内部资料），2014 年 1 月 16 日调查资料。

② 《南京市工作情况汇报》（内部资料），2014 年 8 月调查资料。

③ "三同时"指的是建设项目中防治污染的设施，应当与主体工程同时设计、同时施工、同时投产使用。

④ 相关数据为南京经济技术开发区提供。

环保建设资金投入近 66 亿元，约占 GDP 的 3.7%"。此外，2012 年 7 月，"苏州工业园区首个功能区噪声自动站建成并投入使用。这是一个全天候自动化、智能化、网络化的环境噪声监测系统，可 24 小时连续自动监测道路交通噪声变化情况，同时进行车流量监测。此外，还设有电子显示屏，实时向公众公布噪声和车流量监测数据"。正因为如此，2012—2013 年，苏州工业园区环境保护及节能减排指数在国家级经济技术开发区中，位居全国第一。① 此外，为适应工业化后期经济社会发展需要，苏南地区在建设生态工业园的基础上，加强智慧高效新产业园区建设，积极发挥"互联网 +"在产业转型方面的引领功能，推动产业转型迈入新阶段。

第三节　产业转型的制度建设

产业转型升级是一项系统工程，涉及政策、法律、技术、文化等多个维度。其中，制度建设是基础，没有良好的制度环境和制度保障，产业的转型升级往往缺乏政策依据，难以步入制度化、科学化和常规化轨道，也难以形成长久机制。近年来，为了更好地推进产业转型升级，苏南不断加强制度创新和制度建设。其中，诸如环保垂直管理制度等具有前瞻性，对其他地区具有可资比较的借鉴意义。

一　实施严格的环保准入制度

工业园区之所以暴露出很多环境问题，从根源上讲，源于初端预防机制建设不足，或实施效果不佳。为了带动 GDP、财政税收和地方经济发展，很多地方在工业园区建设时，对环境影响评价等制度实施不到位，甚至以"本地环境容量大"为招商引资的"噱头"，从而给后续的环境污染问题埋下隐患。客观地说，苏南地区有些工业园区的建设曾经出现过类似问题。为了根治这种困境，并且杜绝后续环评流于形式而导

---

① 邓维：《"一枝独秀"有啥秘诀？——探寻苏州工业园区的生态精髓》，《中国环境报》2013 年 10 月 22 日 05 版。

致环境污染问题，近年来，苏南地区纷纷加强环保准入制度建设。其中，南京市在这方面走在了苏南地区的前列，已经开始实施最严格的环保准入制度，形成了"产业结构、生态空间和总量控制'三位一体'的环境准入模式"。2015 年 2 月，南京市人民政府发布《市政府关于印发建立严格的环境准入制度实施方案的通知》（宁政发〔2015〕37号），要求"从源头控制污染排放，逼产业结构调整和布局优化"（见表 3—2）。

表 3—2　　　　　　　　"严格的环境准入制度"的基本框架

顺序	制度明细		基本内容	完成时间
	二级制度	主要内容		
1	严格的产业环境准入制度	严禁重污染项目准入	制定环境准入负面清单，明确提出禁止准入的新（扩）建产业、行业名录，从源头控制污染排放。凡列入负面清单的项目，投资主管部门不予立项，金融机构不得发放贷款，土地、规划、住建、环保、安监、质监、消防、海关、工商等部门不得办理相关手续	2015 年 6 月
		执行严格的污染物排放标准	在严格执行国家和省现行环境标准的基础上，针对南京市的实际需要，制定相关行业、区域更严格的污染物排放规定，倒逼企业升级转型和产业退出。执行石化、化工、钢铁、火电、水泥等行业大气污染物特别排放限值要求；严控排放恶臭气体的医药、农药和染料中间体生产等化工项目建设	2015 年 6 月
		工业项目先进性评估	按照建设项目必须达到国内清洁生产领先水平，引进国外工艺设备必须达到国际清洁生产先进水平的要求，从生产技术和工艺、物耗能耗、产排污情况及环境管理等方面，对重点工业项目试行先进性评估制度	2015 年 6 月
		排污总量前置管理	出台建设项目污染物排放总量管理规定，将建设项目污染物排放总量指标作为项目环评审批的前提条件，严控新增排放量；明确建设项目总量控制原则、控制因子、平衡机制等	2015 年 6 月

续表

顺序	制度明细		基本内容	完成时间
	二级制度	主要内容		
2	严格的空间环境准入制度	划定生态红线保护区	明确生态功能定位,实行分级分类管控。生态红线一级管控区内,严禁一切形式的开发活动;二级管控区内,严禁有损生态功能、对生态环境有污染影响的开发建设活动。明确各区(园区)政府主体责任和相关部门的监管责任,切实把生态红线的刚性约束,落实在项目引进、项目审批、土地利用等环节,实现最严格的空间保护,形成生态红线保护的新机制	2014年12月
		严格的区域准入控制	严控大气污染排放的项目;金陵石化及周边地区、梅山地区、大厂地区和长江二桥至三桥沿岸等区域不得新(扩)建工业项目(除节能减排、清洁生产、安全除患和油品升级改造等技改项目外)和货运码头;城市清洁空气廊道保护区(都市绿地系统和城市通风走廊)内严控新增成片新区建设,严控各类开发区扩园,严控大型构筑物和有大气污染物排放并造成明显影响的项目	2015年6月
		严格的流域准入控制	制定重点流域建设项目准入规定,严控重污染项目建设,改善流域水环境质量	2015年6月
3	保障制度	建立环保限批制度	制定建设项目环保限批规定,明确限批类别、要求以及限批解除条件,对未完成污染减排任务、未落实环保限期治理要求以及配套环保设施未建成等的区域(企业),不予受理其新(扩)建项目审批;实施规划环评与项目环评联动,对未依法进行规划环评的开发区(工业集中区),暂停审批该区域内的具体建设项目	2015年6月
		环境准入科学决策机制	建立专家评审和公众参与相结合的环境准入决策机制。完善建设项目环评报告技术评估制度,发挥专家在环境准入制度上的技术支撑,提高决策的科学性	2015年3月
		严格的考核制度	建立健全环境准入制度考核机制,把环境准入制度的执行情况作为环保考核的重要内容,纳入各级领导干部实绩考核。建立责任追究制度,对项目决策、把关不严并造成严重后果的,依法实行严格问责	2015年6月

资料来源:根据《市政府关于印发建立严格的环境准入制度实施方案的通知》(宁政发〔2015〕37号)进行的整理。

如表3—2所示，"严格的环境准入制度"包括三项二级制度，即严格的产业环境制度、严格的空间环境准入制度以及保障制度。这项制度有效整合了工业园区建设的相关单位和责任主体，环保局、发改委、农委、经信委、住建委、规划局、水利局、国土局、园林局、气象局、安监局、质监局、消防局、工商局以及各区人民政府等单位全面介入环境准入制度建设的实施环节。由于责任明晰，如果某个部门责任不到位，则会被启动问责机制。因此，在很大程度上，这项制度的实施已经形成了协同治理环境污染和协同倒逼产业转型的新格局，对于倒逼南京工业园区的产业转型和升级发挥了重要的作用。根据南京市环保局提供的数据，通过严格执行"生态红线、产业布局、产业政策、总量控制、规划环评"的刚性要求，守好环境准入关口，南京否决了一批不符合行业和布局政策的高耗能、重污染项目，其中包括金陵石化丁二烯等一批大型产业项目。目前，苏南其他地区也在加强制度设计，提高环境准入门槛，发展高新产业。

二　实施环保垂直管理制度

环境问题的出现不仅是人口膨胀、技术失灵或者其他某些单个因素导致的，而是有着制度化和结构性的因素。美国学者艾伦·施耐伯格（Allan Schnaiberg）、大卫·佩罗（David Pellow）、肯恩·古尔德（Ken Gould）以及亚当·温伯格（Adam Weinberg）等人从资本主义的政治经济体系出发，提出了"生产跑步机"（the treadmill of production）理论。[①] 在"生产跑步机"上，国家经济发展动力很难停下来。正是这种格局，使得环境保护沦为边缘化位置。在某种程度上，中国也存在类似的体制性困境。陈阿江认为，"次生焦虑"和追赶型现代化模式是中国

---

① Gould, K. A., Pellow, D. N. &Schnaiberg, A., *The Treadmill of Production*: *Injustice and Unsustainability in the Global Economy*, Boulder: Paradigm Publishers, 2008; Schnaiberg, A., *The Environment*: *from Surplus to Scarcity*, New York: Oxford University Press; Schnaiberg, 1980, A. & Gould, K. A., *Environment and Society*: *the Enduring Conflict*, New York: St. Martin's Press, 1994; 陈涛：《美国环境社会学最新研究进展》，《河海大学学报》（哲学社会科学版）2010年第4期。

环境问题产生的社会历史根源。① 正是这样宏观的结构性因素，使得我国的环境保护政策长期沦为一种装饰品，无法得到有效的贯彻执行。由此，环境监管部门处于"稻草人化"② 的尴尬境地，无法发挥出应有的实质性功能。在不少地方，环境监管面临的最突出的问题是地方保护主义的干扰。吕忠梅认为，环境管理的综合部门既无法摆脱地方保护的干扰，又陷入源自中央机关间的关系紧张而导致的与其他职能部门的权力争夺。③ 为了解决这一困境，中央政府一直在通过制度创新寻求体制机制障碍的破解。十八届五中全会已经明确提出，中国将实行省以下环保机构监测监察执法垂直管理制度的环境保护制度，而江苏自 2007 年已经开始在全省试点市辖区和开发区环保机构垂直管理。

所谓环保垂直管理，指的是通过行政管理体制改革，由国家或上一级环保部门将地方行政主管部门"人、财、物"等控制权收回，形成环保部门的上下级垂直管理关系，力图以此破除地方政府因经济发展需要而对环保工作施加的不当干涉，进而解决基层环保执法难、环保干部工作阻力大以及权责不匹配等困难。④ 苏南之所以能率先实施环保机构垂直管理制度，在很大程度上是 2007 年的太湖蓝藻事件倒逼所致。太湖蓝藻事件在无锡市内产生了水质恐慌等情绪，经过媒体传播在国内外产生了深刻影响。首先，它对江苏"两个率先"的经济成就的代价提出了严峻挑战，人民群众对"以经济建设为中心"话语体系背后的环境保护这项基本国策，以及喊了很多年的"铁腕治污"是否得到践行提出了质疑。其次，它要求政府部门必须正面回应环境污染以及环保的体制机制改革问题——一方面，环保部门"顶得住的站不住，站得住的顶不住"的局面必须破解，环保部门的牙齿必须硬起来，能够啃动硬骨头；另一方面，苏南地区水网密布，必须要有流域性的机构全面负起环境检查职能。在此背景下，江苏省组建了苏南、苏中和苏北环境保护督

---

① 陈阿江：《次生焦虑——太湖流域水污染的社会解读》，中国社会科学出版社 2010 年版。

② 陈涛、左茜：《"稻草人化"与"去稻草人化"——中国地方环保部门的角色式微及其矫正策略》，《中州学刊》2010 年第 4 期。

③ 吕忠梅：《环境法的新视野》，中国政法大学出版社 2007 年版，第 265—267 页。

④ 李萱、沈晓悦：《我国地方环保垂直管理体制改革的经验与启示》，《环境保护》2011 年第 21 期。

查中心，开始对市、县区级环保部门进行垂直管理①，并以这种协同治理的新机制倒逼苏南工业转型升级。其中，苏南环保督查中心负责督查南京、苏州、无锡、常州和镇江5市的全部行政区域的环保工作，重点监管太湖流域。

毛寿龙与骆苗认为，在很大程度上，这种环保督查中心增强了国家的监察执行力，在跨域合作治理过程中发挥了重要的协调作用。② 在实践层面，苏南环保督查中心解决了不少过去长期没有得到解决的"老大难"问题。比如，"2011 年，苏南环保督查中心处理环境信访 136 件，涉及企业 183 家（次），查实的企业为 130 家，占比为 80%。同时，通过信访督察，分别对 118 家（次）企业提出督察意见，建议取缔关闭企业 16 家、停产整治 14 家、实施经济处罚 36 家，限期整改 52 家，有效维护了群众的合法环境权益"③。苏南环保督查中心在专项督查中发现，对于一批企业存在的环境违法问题，当地环保部门要么不知悉，要么尚未处理或者处理不到位。针对这一情况，苏南环保督查中心向辖区内苏州、无锡、常州、镇江等苏南四市环保局下发督查通知书，要求交办、督办 30 件环境违法问题。④ 正是经过垂直管理、流域治理和联合执法，太湖流域的水环境整体上稳中趋好。迄今为止，太湖流域已经连续 7 年实现了国务院提出的"两个确保"要求——"确保饮用水水质达标，确保不发生大面积蓝藻湖泛"。可以说，苏南环保督查中心这种环保监管垂直管理制度的实施，对于全国而言具有先行先试的示范意义，对于其他地方通过"实行省以下环保机构监测监察执法垂直管理制度"，破除地方保护主义的弊病，具有可资比较的借鉴价值。

三　加强环境执法制度建设

近年来，江苏不断加强环境执法力度。其中，2014 年被称作江苏

---

① 谢良兵：《环保"扩权"的背后》，《中国新闻周刊》2008 年第 10 期。

② 毛寿龙、骆苗：《国家主义抑或区域主义：区域环保督查中心的职能定位与改革方向》，《天津行政学院学报》2014 年第 2 期。

③ 李莉、闫艳、高杰：《双手何以敌四拳？苏南环保督查中心借环保督政破解监管难题》，《中国环境报》2012 年 2 月 10 日第 3 版。

④ 杭春燕：《环保执法，把"狼牙棒"挥起来》，《新华日报》2015 年 3 月 3 日第 9 版。

的环境执法"规范年"，就执法频次、处罚数量、司法联动以及曝光、约谈、信访化解等指标而言，2014 年都是最近 10 年江苏环境执法力度最大的一年。① 为推动工业园区产业转型升级，苏南地区不断创新体制机制，加强环境执法制度建设。

首先，实行严格的环保执法监管制度。环保局对工业园区的环保执法监管已经步入制度化轨道，处理机制也都做到了有章可循、有据可依。以南京市环保局为例，一方面，持续开展各类环境执法行动。进一步加强夜间和节假日的巡查、抽查、突击检查力度，提高日常监管频次和成效。以深入开展专项整治行动为抓手，保持对环境违法行为的高压打击态势。另一方面，努力提升行政执法能力。以预防和解决企业污染为导向，以工业区周边环境为重点，从污染企业厂界、排口的外环境污染现象入手，提升发现环境违法行为的能力，从严从重打击②，问题严重的一律关停整改。此外，对重点企业、污水处理厂等单位排口进行定期检查和监测制度。比如，为加强对区内污染源和污染治理设施的监督管理，南京经济技术开发区环境保护管理部门制订了严格的区域监测计划，对重点企业、污水处理厂等单位排口进行定期监测，目前已成为开发区的一项环保长效管理制度。③

其次，实施企业环境行为评价制度。通过对工业园区相关企业的环境行为评价，明确企业的等级序列，包括绿、蓝、黄、红、黑 5 个等级。评选结束后，江苏省环保厅向全社会公布评级结果，并根据以上等级与银行等信贷金融部门对接，为推行绿色金融提供信息支持。比如，南京在 2014 年对 2294 家企业的环境行为进行了信用评价，评出绿色等级企业 39 家、蓝色等级企业 1808 家、黄色等级企业 366 家、红色等级企业 70 家、黑色等级企业 11 家。④ 此外，环保部门与银行等机构还开展信贷信息共享机制。比如，常州市环保局和中国人民银行常州市中心支行于 2011 年联合推出《常州市企业环境信用等级动态管理实施细则》，实施企业环境信用等级动态管理，以进一步

① 李苑：《江苏环境执法稳准狠》，《中国环境报》2015 年 3 月 18 日 05 版。
② 南京市环保局提供的内部资料。
③ 南京经济技术开发区提供的内部资料。
④ 《2014 年南京市环境状况公报》，《南京日报》2015 年 6 月 5 日 A8 版。

严格落实绿色信贷政策①，获得红色和黑色等级的企业则会面临信贷和融资方面的困境。

再次，实施约谈制度。随着国家环保部约谈制度的开启，苏南地区也启动了对工业园区主要负责人的约谈制度。比如，作为全省第一批有机废气治理试点园区苏州太仓港化工园区在废气治理方面出现了问题。于是，太仓市环保局和港区管委会联合在2015年对重点有机废气治理的13家企业法人代表进行集体约谈，通报了2015年上半年化工园区一类、二类企业有机废气整治总体进展情况，明确指出了约谈的13家企业在整治过程中存在的问题，要求各企业在废气治理工作中对照治理技术规范要求，确保治理取得明显成效。② 除了约谈企业负责人，根据环境影响情况，苏南地区还加强了对地方党政负责人的约谈，并要求限期整改。

最后，环境违法案件集中公布制度。以前企业出现违法排污等行为时，常常可以通过"人民币模式"解决——要么，罚款即可解决问题；要么，通过缴纳排污费等方式予以化解。但随着新《环保法》的实施，苏南地区加大了环境违法的惩处力度，除了依法惩处外，还形成了集中曝光环境违法案件的制度。比如，2014年，苏州市各级环保部门把群众反响强烈的环境信访问题作为重中之重，全市共有7个市级挂牌督办问题、10个重点区域和128个突出环境问题被列为重点环境整治任务，并于2014年11月集中公布了10起典型案例。③ 通过集中公布，一方面有利于群众监督，另一方面，在中国这样强调人情和面子的社会，有助于从文化层面推动企业负责人主动推动产业转型。

---

① 范圣楠、李莉、闫艳、高杰：《江苏推进企业环境行为评价》，《中国环境报》2011年11月11日第5版。

② 徐盛兵：《化工企业治理有机废气进展缓慢者被约谈》（http://www.szdushi.com.cn/news/201508/2015151682.shtml）。

③ 闫艳、钱峻：《苏州集中公布十起环境违法典型案例》，《中国环境报》2014年11月26日05版。

第四节　产业转型中的现实挑战和政策选择

一　产业转型的现实挑战

苏南工业园区充分发挥自身优势，产业规模不断壮大，经济实力迅速增强。在环境保护方面，尽管在建设早期就开始强调可持续发展的理念，但"文本规范"和"实践规范"分离现象突出。[①] 在实际运作中，粗放型发展模式依然存在，并且导致了严重的环境污染、生态破坏以及环境群体性事件，影响了社会的良性运行与协同发展。近年来，在寻求科学发展的内生动力机制和区域文化机制的驱动下，以及经济"新常态"、环境损害终身追究制、苏南模式的生态挑战、不断健全的监督体系和频发的化工爆炸事故等倒逼机制下，苏南地区工业园区内的环境污染问题明显减少，生态文明建设取得了明显的实质性成效。但是在推动工业园区新一轮的产业转型升级中，依然面临着不少的现实性挑战。南京经济技术开发区产业转型面临的困难，在苏南地区具有很大的代表性。

　　南京经济技术开发区连续多年经济快速增长的同时，区内能耗、水耗等资源消耗在逐年上升，污染物排放对环境的负荷压力仍然在增大。根据国家下达的"十二五"污染物总量控制要求，江苏省 COD、氨氮、二氧化硫、氮氧化物排放总量要分别削减 11.9%、12.9%、14.8% 和 17.5%。这一数据意味着开发区在消化新生增量的同时，还需要削减 15.2 万吨 COD、2.1 万吨氨氮、16.1 万吨二氧化硫及 25.8 万吨氮氧化物。按照江苏省的要求，各功能区域内新、改、扩建项目的污染物排放量需要通过区域削减量来获得。因此，污染物总量控制与区域经济发展之间存在着突出的矛盾。在国家及省、市节能减排、污染物总量控制的总体要求下，

① 陈阿江：《文本规范和实践规范的分离——太湖流域工业污染的一个解释框架》，《学海》2008 年第 4 期。

开发区经济发展与排放的矛盾日益突出。[①]

不难发现，"新、改、扩建项目的污染物排放量需要通过区域削减量来获得"的政策要求，对工业园区的产业转型构成了刚性约束，但是在特定的时空背景下，这种刚性约束带来的挑战和矛盾不容忽视。当前，镇江、苏州、无锡和常州工业园区同样面临着经济发展与污染物排放的矛盾。此外，在经济下行压力和产能过剩的背景下，工业园区是苏南地区经济发展的重要推动力。因此，如何协调推进工业园区的产业转型，推动长期的可持续发展，是摆在苏南工业园区面前的一道重要的现实课题。

二　产业转型的政策选择

产业转型需要政策支持和技术支撑等良好的外部环境做保障，对于工业园区而言，核心还是取决于园区的发展模式以及产业本身的特质。因此，苏南工业园区在未来的发展中，需要持续的政策创新和制度革新。我们认为，为了克服产业转型面临的现实挑战，苏南工业园区需要全面推进"大办工业"向"办好工业"的转型，全面推进"招商引资"向"招商选资"的转型。同时，仍然需要持续推动产能淘汰，但需要有新的起点和水平，要实现由"腾笼换鸟"向"腾笼换凤"的转型。

（一）"大办工业"向"办好工业"转型

在国家经济社会发展中，工业化具有举足轻重的地位。"十三五"期间，推进工业迈向中高端对中国实现工业化和经济步入"新常态"具有十分重要的战略意义。[②]但是在工业化后期阶段，工业园区的发展模式需要转型。在20世纪90年代以及21世纪初期，中国走得基本上是"大办工业"的发展模式。在"十三五"期间，苏南有条件在全国率先开启"办好工业"的发展模式。

在全面推进"大办工业"向"办好工业"转型的过程中，苏南工

---

① 南京经济技术开发区提供的内部资料。

② 黄群慧：《"新常态"、工业化后期与工业增长新动力》，《中国工业经济》2014年第10期。

业园区可以采取两步走战略。首先，"大办工业"向"办大工业"转型。所谓"大办工业"，是一种"村村点火、处处冒烟"的工业化格局，在这种红红火火的工业化道路中，造纸、印染、纺织、电力、化工以及建材等所有的工业类型，只要能够发展，不管是否存在污染，不管是否符合地方实际，都会全面开花。安徽省当涂县在招商引资中提出了颇具前瞻性的理念，指出要由"大办工业"向"办大工业"转型。在实践层面，受制于区位和经济发展水平的制约，这种理念没有得到完全实施，呈现出来的是"大办工业"与"办大工业"相结合的格局。① 尽管如此，这种理念依然具有重要价值。对于苏南工业区而言，已经具备了相应的区位和经济优势，完全可以按照这一理念，推动工业园区新一轮的转型升级。在苏南地区，"大办工业"这种工业化模式在国家级经济技术开发区中已经不复存在，但在中小型工业园区中还不同程度地存在着。"十三五"期间，苏南地区需要全面摒弃这种工业化道路，开启"办大工业"格局。所谓"办大工业"，即要发挥好重大工业项目在工业园区经济社会发展的支撑作用，抓大项目，兴大产业，注重工业增加值，发展主导型和品牌型的工业项目。

其次，推动"办大工业"向"办好工业"转型。所谓"办好工业"，指的是不仅要将工业园区做大做强，还要加快技术创新，促进产业集聚，提升产业品质，发展高新技术产业和资金技术密集型产业，发展出口经济，全面实现"科技含量高、经济效益好、资源消耗低、环境污染少、人力资源优势得到充分发挥"的新型工业化目标。此外，要积极推广云计算等新一代信息技术，积极发挥"互联网＋"的功能，以信息化带动新型工业化，发展和建设新型的智能工业园区。南京高新区等大型工业园区在此已经形成了较好的经验，课题组的调查发现，仅2015 年上半年，南京高新区"新引进产业类重点项目 80 多个，注册资本累计 106 亿元。其中，以宅客电子为代表的软件类项目 36 个；以城际在线为代表的北斗卫星应用类项目 15 个；以先声东元为代表的生物医药类项目 32 个。目前在手在谈总投资千万元以上项目近百个，总投

---

① 陈涛：《1978 年以来县域经济发展与环境变迁》，《广西民族大学学报》（哲学社会科学版）2009 年第 4 期。

资亿元以上项目 30 个"。我们认为，"十三五"期间，中小型工业园区需要向国家大型高新区看齐，提升工业发展水平，尽快实现"办好工业"的良好愿景。通过实施"大办工业"向"办好工业"转型，苏南工业园区将为江苏的"两个率先"（率先全面建成小康社会，率先基本实现现代化——笔者注）提供重要支撑，并可以辐射全国，为其他地区的工业园区转型提供重要经验支撑。

（二）"招商引资"向"招商选资"转型

中国工业园区的建设与发展，很大程度上依赖于地方政府的推动。对于"苏南模式"而言，主要依赖的就是乡镇企业发展。在 20 世纪 80 年代的乡镇企业发展中，县和乡镇政府扮演了关键性的角色。社会学、政治学和管理学等学科就此已经开展了很多研究，提出了不少经典性的研究命题和学术概念。比如，"地方政府公司化""地方政府企业化""中国特色的联邦主义""地方法团主义"，等等。究其根源，地方政府与企业存在利益关联，它们既需要企业的 GDP、财政和就业机会供给等方面的贡献，还需要通过地方经济发展在官员政绩锦标赛机制中来实现竞争性晋升。[①] 正是在这种情况下，很多地方政府全力以赴地开展招商引资工作，而且一度不管不顾产业类型及其是否存在污染情况。当前，苏南工业园区仍需要加强"招商引资"力度，但需要全面推进"招商引资"向"招商选资"转型，它内在地要求苏南工业园区要实现"大招商"向"招大商"转型。

首先，由"大招商"向"招大商"转型。所谓"大招商"，是一种粗放型的招商理念，即只要能带动 GDP 和财政税收的项目，都会成为地方政府的"座上客"。在 20 世纪 90 年代和 21 世纪初期，有的地方政府明确要求中小学校长和环保局局长出去招商引资，这样的机制只会导致恶性竞争，为高耗能和高污染的企业入驻工业园区提供温床。所谓"招大商"，首先指的是大型项目，比如世界 500 强企业等。事实上，它还包括另一层含义，指既优质又环保的项目。苏南地区经济发达，国家级和省级工业区已经做到了"招大商"。比如，作为国家生态工业示范园，南京高新区在招商引资时就特别注重项目质量。南京高新区提供的

---

① 周黎安：《中国地方官员的晋升锦标赛模式研究》，《经济研究》2007 年第 7 期。

资料显示：

南京高新区以转型升级为路径，注重产业引导，围绕产业定位优选项目资源，强化主导产业的支撑力，做大做强软件及电子信息产业，做优做实生物医药产业，促进企业规模集聚，推动产业合理布局。

南京高新区强化主导产业链招商，围绕主导产业链，不断提高招商工作的针对性和有效性，重点在软件及电子信息、生物医药、北斗卫星导航应用及移动互联网等产业基础上，锁定电子信息、新能源新材料等先进制造业龙头企业，努力形成新的先进制造业产业链，延长支柱产业的产业链。①

但是基于经济发展的冲动，有些乡镇甚至市县一级的开发区还存在"招大商"的现象。这就容易给高耗能、高污染企业打开"绿灯"。因此，在"十三五"期间，苏南工业园区要全面实施"大招商"向"招大商"转型。

其次，"招商引资"向"招商选资"转型。"招商引资是经济区发展的产物，属市场经济的范畴。可以说哪里有经济区，哪里就有招商引资活动。"② 张玉林指出，在某种程度上，基层政府已经演变为"企业型政府"或曰"准企业"。基层政府往往偏重短期的经济增长，而将环境恶化及其社会后果放置于细枝末节的地位。因此，部分地方政府与企业之间出现了"政经一体化"倾向。③ 对苏南工业园区而言，一度存在着"招商引资"名目下对环境保护放宽标准的情况，导致环境监管失灵。张玉林和顾金土指出，污染事件出现后，政府"要么公开为污染企业辩护，要么否认肇事企业与受害事实之间的明确因果关系，要么对污

---

① 南京高新产业技术开发区提供的内部资料。
② 龚雅倩：《论经济欠发达地区招商引资的误区》，《湖南行政学院学报》2009 年第 6 期。
③ 张玉林：《政经一体化开发机制与中国农村的环境冲突》，《探索与争鸣》2006 年第 5 期。

染企业的'关停并转'态度暧昧乃至网开一面"①。这种情况已经导致苏南地区出现多起环境群体性事件以及大量的环境信访活动，反过来已经制约了地方经济社会的发展。为了规避污染性产业的进入，"招商引资"亟待向"招商选资"转型，在工业项目引进工作中构建筛选机制，要有选择地让优质项目入驻工业园区。近年来，苏南开始由"招商引资"向"招商选资"转变——"通过锁定主导核心产业，锁定世界 500 强和欧美日韩品牌企业，锁定整机型龙头型项目，锁定自主创新型、内销型项目，从产业链构建、配套能力、战略引进、协调服务业发展等方面突出载体建设、强化集聚功能。建立健全以科技含量、投资强度、产出效益和生态影响为核心内容的项目评审筛选机制，不断提升引进项目的质量"②。"十三五"期间，苏南工业园区要全面实现"招商引资"向"招商选资"转型，要从有意引进的项目中"择优""选强"，进而为"大办工业"向"办好工业"转型提供坚实基础。

（三）"腾笼换鸟"向"腾笼换凤"转型

刘志彪认为，"腾笼换鸟"曾是我国东部地区流行的产业升级战略，即在经济发展过程中，将现有的传统制造业"转移出去"，再把先进生产力"转移进来"，进而实现经济转型升级目的的一种战略举措。③当前，苏南工业园区都在实施"腾笼换鸟"政策，以便加快落后产能淘汰，更有效率地使用有限的土地资源。但是"腾笼换鸟"政策实施以来，也暴露了一些积弊。一方面，它有时会导致旧产业迁移走了，但新产业没有入驻，或者来的产业只是投资、GDP 和财政税收的贡献额度更大，但高耗能等问题依然存在。另一方面，"腾笼换鸟"带来的主要是产业本身的升级，对现代服务业以及相关配套设施建设等方面关注不足。笔者认为，苏南工业园区需要实现"腾笼换鸟"向"腾笼换凤"转型。

---

① 张玉林、顾金土：《环境污染背景下的"三农问题"》，《战略与管理》2003 年第 3 期。

② 黄文虎、王庆五：《"新苏南模式"：科学发展观引领下的全面小康之路》，人民出版社 2005 年版，第 21 页。

③ 刘志彪：《提升生产率：新常态下经济转型升级的目标与关键措施》，《审计与经济研究》2015 年第 4 期。

相比较"腾笼换鸟","腾笼换凤"不仅注重落后产能淘汰，而且重视生态文明建设的系统环境，注重产业本身的就地升级。同时，它更加注重所更替产业的环境属性和发展前景，更加注重现代服务业以及相关配套设施，更加注重产业园区创新创业和投资环境的制度建设。苏南工业园区要实现新一轮的产业转型升级，需要开展的政策设计主要包括：（1）继续加强落后产能淘汰，进一步盘活土地存量，提高土地的"亩产效益"。但是在加强落后产能淘汰的同时，要通过政策激励和科技创新，推动产业园区的"就地升级"。近年来，苏南工业园区被淘汰的落后产能向苏北地区和中西部地区转移的比较多，虽然促进了苏南工业园区的转型升级，但不利于其他地区工业园区的转型升级，也不利于国家的生态文明建设。在新的历史起点，要坚决避免苏南被淘汰的污染产业向苏北地区"北漂"，要为"美好江苏"和"生态江苏"建设创造良好的外部系统。同时，要坚决避免苏南被淘汰的污染产业向中西部地区和经济欠发达地区转移。要做到这一点，不能像"腾笼换鸟"时期那样，仅仅重视苏南产业园区的转型升级，而是要通过政策补贴和技术革新，尽可能多地实现园区产业的就地转型升级。（2）实施最严格的环境准入机制。不管经济投资多大，不管 GDP 和财政税收的贡献有多大，只要不符合工业园区的入园环境标准，都要坚决拒绝。近年来，苏南国家级工业园区已经有条件做到这一点。比如，南京高新技术产业开发区"对能耗大、污染重、科技含量较低等不符合环保要求的项目，实施一票否决，坚决摒弃。近年来，园区拒绝了 40 多家不符合产业定位和环保要求的项目"[①]。但是对于中小型工业园区而言，那些投资上亿以及更多的大型重化工项目仍然具有很大的诱惑力。近年来，苏南地区某些乡镇的工业园区在招商引资过程中，已经为此付出了环境代价和社会成本。因此，必须严格执行《建设项目环境准入暂行规定》，确保最严格的环境准入制度落实到位，对类似项目的环评要坚决做到客观和"实事求是"，不能另外开辟"绿色通道"。（3）加强现代服务业以及相关配套设施。在"腾笼换鸟"时期，苏南工业园区虽然推动了产业转

---

① 南京高新区管委会：《南京高新技术产业开发区创建国家生态工业示范园区工作报告》（内部文件），2014 年 1 月 16 日调查资料。

型升级，但迎来的主要还是以资源密集型和劳动密集型产业为主。当前，中国已经进入了工业化后期，第三产业在国家经济结构比例已经超过了第二产业。在工业化后期，服务业和技术密集型制造业将逐渐占据主导地位。因此，在推动新一轮产业转型升级的过程中，要适度压缩类似产业特别是低层次资源密集型产业，加强现代服务业发展，形成产业发展的新格局。为此，需要加强相关配套设施建设。（4）需要创造良好的制度环境。正所谓"栽下梧桐树，才能引来金凤凰"，对于"腾笼换凤"而言，尤其需要优化产业发展软环境。鼓励大众创业、万众创新，为"腾笼换鸟"到"腾笼换凤"的转型提供良好的社会环境和政策空间，这对于通过技术革新实现产业的就地转型升级具有重要意义。在这一方面，南京高新区已经开始行动，发布了《加快苏南国家自主创新示范区建设的若干意见》，旨在根据企业全生命周期的不同阶段，给予政策扶持，努力形成高新区鼓励创新创业的完善政策体系。"十三五"期间，要在苏南工业园区掀起创新创业的新浪潮，构建"创客空间""创意咖啡"等创新型孵化器。（5）从"腾笼换鸟"向"腾笼换凤"转型，需要稳步推进，不能操之过急，要坚决避免"鸟飞走了，凤还没有来，笼子闲置"的问题出现。

第四章

苏南工业园区生态转型的技术路径

党的十八届五中全会强调，实现"十三五"时期的发展目标，必须牢固树立并切实贯彻创新、协调、绿色、开放、共享的发展理念，这是关系我国发展全局的一场深刻变革。坚持绿色发展，就必须在坚持可持续发展的基础上，推动建立绿色低碳循环发展产业体系。推动低碳循环发展，建设清洁低碳、安全高效的现代产业体系。从人类经济发展模式演进和传统工业园区实现低碳转型的动力和路径来看，生态型经济是人类经济社会发展的方向，工业是创造人类物质世界的基础。传统工业园区要继续发展，必须在发展中实现生态转型。苏南现代化建设示范区作为全国第一个以"现代化"为主要内容的率先发展先行区域，其工业园区的生态转型对苏南地区发展方式的整体转变具有重要意义，其形成的经验对同类开发区具有很强的示范价值。在本书梳理国内外工业园区的产业转型与生态文明建设实践和研究苏南工业园区产业转型制度设置的基础上，我们着重讨论苏南工业园区的生态转型路径。

第一节　碳排放强度控制与发展方式转变

现在，人们在讨论气候变暖问题时越来越多地提到一个概念：碳排放。在工业社会初期，碳排放的多少被认为是衡量一个地区经济发展水平的标志。碳排放量越大，就意味着工业越多，工业化程度越高。由于我们目前使用的主要能源是以煤、石油、天然气为主的碳基能源，因此，工业社会本质上是高碳能源。随着地球有限的能源被快速消耗，加之我们的生存环境因工业污染而不断恶化，碳排放量过大被认为是经济发展方式过于粗放的标志。更准确地说，则是用碳排放强度来衡量经济发展集约化水平。碳排放强度是指每产生一单位国内生产总值的二氧化碳排放量。该指标主要用来衡量一国经济发展同碳排放量之间的关系，如果一国在经济增长的同时，每单位国内生产总值所带来的二氧化碳排放量在下降，说明该国在向集约、低碳的发展模式转变。当然，二氧化碳排放强度与经济发展之间的关系并非线性的，在发展阶段与环境污染间存在一条所谓的"库兹涅茨曲线"，即随着经济的发展，环境污染呈先提高后下降趋势。而我们目前仍需继续推进工业化。工业结构、经济结构决定了在可预见的一段时间内，随着我国经济总量的提高，污染总量较难出现绝对值的下降。

为什么会出现这样一条倒 U 形的"库兹涅茨曲线"呢？这是因为在工业化初期，工业份额扩大，能源消费增长快，政策制定者往往采取促进重工业发展的政策倾向。且反污染的法规软弱，城市化提速，交通拥挤也会加重。而在后工业化时期，经济重心由工业转到服务业，人们对环境的偏好趋强，"污染留在国内、产品销往国外"的贸易结构也会发生转变。当前，从我国内部来看，重化产品已告别短缺时代，重化工业对经济增长的拉动作用明显减弱，产业转型需求强烈，战略性新兴产业迎来发展空间。从我国外部来看，在中长期，与低碳相关的产业可能成为潜在的贸易摩擦领域，美欧的"碳关税"是一层设计精巧的贸易保护壁垒。我们既要防止被动的"低碳锁定"，又要积极地摆脱"高碳依赖"。

欧、美、日等发达国家从来没有放松在低碳领域中的技术追求。美国提出"绿色经济复兴计划"，通过能源法案对风能等可再生能源项目实行减免税收等支持，通过《低碳经济法案》推行碳排放总量控制和碳交易市场。德国提出到 2020 年国内低碳产业要超过其汽车产业。日本提出打造全球第一个低碳社会，计划 2030 年前太阳能发电量提高 30 倍，积极研发清洁汽车技术，推进能耗产业转移。英国实行了气候变化税，每年 11 亿—12 亿英镑的税收收入投入与低碳产业有关的领域，成立了碳排放贸易基金、碳信托交易基金，实行限量排放权交易。法国 80% 的电力是核能，提出大力发展高铁，除非出于国家战略需要，否则不再修建高速公路，提出要使有机农业占地比重由 1% 提高到 20%，人均温室气体排放比欧洲均值低 21%，并努力降低新建住房能耗。瑞典环保型汽车销售居欧洲之首。目前，中国政府已向全世界宣布：到 2020 年，单位生产总值（GDP）碳排放要比 2005 年下降 40%—45%；非化石能源占一次能源消费的比重达到 15% 左右（目前 9%）。在 2014 年 11 月 12 日签署的《中美气候变化联合声明》中，我国承诺 2030 年左右我国二氧化碳排放才能达到峰值。[①]

我国面临着继续推进工业化的任务，如何既能完成我们对国际社会的承诺，又不对经济发展造成伤害？出路就是推进新型工业化，使信息化与工业化融合发展，要有建设生态文明的主动意识和科学精神。以生态文明的理念看待生产、分配、消费的关系。既不能像过去那样忽视消费，也不能为了扩大消费而盲目地"消灭"产能，而应该实事求是地正视我们所处的阶段，在保护好生态环境的基础上，积极推进经济发展，为越过"库兹涅茨曲线"顶点提供物质基础。

随着我国城市化和现代化进程的加快，工业化和城市化在促进城市经济社会不断繁荣的同时，因人口大量聚集和产业高度集中，产生了环境污染和生态破坏的问题。就目前形式来看，我们面临着艰巨的减排任务，如表 4—1 所示，中国的碳排放总量位于各国前列，碳排放强度仅次于伊朗，作为最大的发展中国家，中国正承受着来自各方的国际压力。我们的处境是：一方面，中国经济正在经历快速发展的关键时期，在这一阶段，碳排放量过大是难以避免的，这也是主要发达国家在发展过程中都曾经历过的一个阶段；另一方面，人类正在经历一个由工业文明向生态文明过渡的阶段，向低碳转型是世界潮流，中国于 1995 年提出"实施两个根本性转变"（经济体制与经济增长方式——笔者注）；十六大提出科学发展观，建设资源节约型、环境友好型社会；十七大提出建设社会主义生态文明；十八大提出走向社会主义生态文明新时代……低碳减排、集约发展已上升为国家意志，虽然困难很大，但中国走低碳发展之路是不以人的意志为转移的。如何把国际责任与发展权利相结合，就如同当年在社会主义国家发展市场经济一样，再次考验着中

---

① 张翼：《低碳发展：中国不得不面对的》，《光明日报》2012 年 2 月 7 日。

国政府的智慧。我们必须回答的一个问题是：控制碳排放会不会影响中国的经济发展？

表4—1　　　　　　　　　　主要国家碳排放及经济指标

国家	CO$_2$排量	人均排放量	碳排放强度	人均GDP（美元）	
	（亿吨/年）	（吨/人）	（吨/万美元）	2009年	2013年
中国	60	4.55	13.6	3339	6807
美国	59	19.58	4.1	47293	53143
俄罗斯	17	11.96	10.1	11799	14612
印度	12.9	1.15	10.7	1075	1499
日本	12.47	9.76	2.5	38536	38492
德国	8.6	10.45	2.3	44579	45085
加拿大	6.1	18.5	4.0	45814	51911
英国	5.86	9.61	2.2	43837	39351
韩国	5.41	11.16	5.7	19542	25977
伊朗	4.71	6.63	13.7	—	4855

资料来源：CO$_2$排量由英国风险评估公司Maplecroft于2009年发布；GDP数据由世界银行和国际货币基金组织发布。

第一，由于我国的能源结构是以煤炭为主（80%左右），石油、天然气的储量不足，2009年我国石油消费对外依存度就已达到53%，短期内改变以煤为主的局面还比较困难。因此，我们从来没有对国际社会做过碳排放总量控制的承诺，因为这关系到发展权问题。我国在联合国气候变化峰会上提出的"排放强度"是新观点，其表述是，"争取到2020年单位国内生产总值二氧化碳排放比2005年有显著下降"。换句话说，需要减少的是每单位GDP的碳排放量，而不能限制我们的排放总量。①

第二，我们承诺将碳排放强度控制在一定的范围内，这既是对人类社会的贡献，也是自身发展的需要。因为从长远来看，人类必须从对高碳能源的依赖中解脱出来，只有这样才能获得更持久的发展动力。在各

———————

① 历年《中国统计年鉴》之九——能源部分。其中，2015年我国原煤生产量占能源总量的72.1%。2014年，我国石油进口量为36179.6万吨，占当年总消费量的69.8%。

国纷纷发展低碳经济的背景下，早行动比晚行动好，有行动比不行动好，谁抢占了先机，谁就占据了主动。要完成碳排放强度控制目标，就必须大力发展新的节能减排技术，开发新能源，发展新兴产业，这都将为经济发展带来新的机遇。

第三，转变经济发展方式，就是走低碳发展之路、可持续发展之路，这不会影响中国经济发展。因为"发展"既包括"量"的增长，又蕴含着"质"的提升。通过技术创新、制度创新、观念创新控制碳排放强度，将中国经济的"马车"驾驭到集约发展的道路上，不是阻碍而是促进中国经济的发展。

能源紧缺、环境污染是当今世界各国面临的一个共同课题。能源和环境问题已成为制约中国经济可持续发展的瓶颈。发展低碳经济有助于缓解减排和环保压力，有助于确保中国发挥后发优势，在未来的国际竞争中赢得主动。

第二节　从传统工业园区到低碳工业园区

在中国经济发展和起飞的过程中，工业园区占有重要地位，是地方经济的主要支撑。苏南地区经济发展的成功，很大程度上得益于工业园区的建设。但随着经济的进一步发展，一些传统工业园区遇到了土地、资源、能源等方面的约束，这也说明，发达地区经济发展对资源和能源的依赖程度在加强。目前，苏南有的工业园区产业类型偏重，对化石能源依赖性较强，污染物排放量大，要实现整个经济体系的转型，以重化工业为主的传统工业园区理应成为重点领域；有的工业园区技术含量不高，以简单加工制造为主，单位面积产出低，能源消耗大，此类工业园区应以转型升级为主。粗放型经济增长方式不断逼近生态环境的承载力上限，必须尽快调整传统工业园区的发展理念和方式。那么，传统工业园区实现生态转型的动力机制是什么？

一　来自顶层设计的考核机制
必须承认，我国当前环境污染、生态破坏、资源浪费等现象的出现，具有深层的体制机制原因。正如习近平总书记所说，"我国生态环境保护中存在的一些突出问题，大都与体制不完善、机制不健全、法治不完备有关"。实际上，近些年我国出现的环境污染事故呈现多发现象，且屡禁不止，愈演愈烈，根本原因都在体制机制上。概括来看：一是考核机制的弊端。为了激励地方政府发展经济，我们设计了与之相适应的考核机制。于是地方政府间形成了锦标赛式的竞争关系。特别是早期，在我们的考核指标中，环境是可有可无的。为了招商引资，各地竞相降低环境标准，甚至有的地方帮助企业掩盖环保部门的检查，最终不同地区的地方政府在环境问题上陷入"囚徒困境"。地方政府为政绩和利益进行掠夺性开发，环境问题已成为社会问题的重要诱因。二是财政体制的缺陷。主要是财权与事权不对称，地方政府特别是基层政府承担了与财政收入不对称的事权。为了提供相应的公共服务，地方政府只能想方设法增加收入。为了减少运营成本，一些公共项目重建设、轻管理，在环保项目上缺少积极性。三是环保部门执法无力。作为地方政府一个部门的环保局，其工作也要"围绕中心，服务大局"，"中心"就是经济建设。当环保部门对那些关系经济指标的污染型工业项目做出处罚时，往往面临很大压力，甚至对某些项目"无能为力"。也有一些环评部门就是环保部门的下属单位。这种"近亲关系"使得一些环评形同虚设。

解决上述体制机制问题，唯有深化改革一条路可走。环境污染领域的资源配置不同于一般商品领域，因为在环境问题上容易出现市场失灵。但如果没有市场配置资源，又极容易出现权力寻租。因此，改革的方向应该是形成"强市场＋强政府"。要强化法治对市场秩序的规范，维护公平竞争的市场环境，保护知识产权，通过排放权的市场交易，增大污染项目的机会成本，提高创新的预期收益，激励各地在供求机制、价格机制、竞争机制的作用下，争相使用新技术、新能源、新材料，推进生态文明建设。

中国政府以负责任的大国形象在国际舞台上郑重承诺，要履行国际责任，推行节能减排，实现低碳发展。相应地，国家出台了多项量化考核指标，以国家意志的形式向下传导。各地方政府在招商引资、项目审批过程中，都有严格的环保限制性措施。这些措施最终都会传导到工业园区的发展层面，对传统工业园区向低碳转型形成推动力，如图4—1

所示。

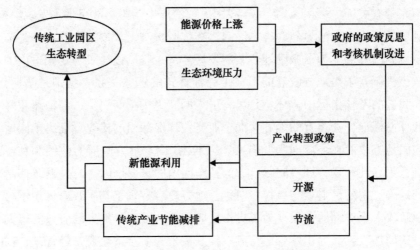

图4—1   考核压力对传统工业园生态转型的传导机制

二   利益驱动的市场激励机制

虽然考核机制对推动工业园区的低碳转型具有强制力，但市场经济理论认为，经济主体可以在追求自己利益的同时，推动整个社会生产向前发展，单靠政府的干预会损害社会效率，市场才是最有效的手段。因此，要在更长远的时期内有效实现传统工业园区向低碳转型，必须在采用政策法律规制的同时，引进市场机制。通过制度设计，用市场杠杆引导社会资源配置，使那些努力减排的企业获得更多收益，使那些不积极减排的企业成本内部化，最终实现社会成本与个人成本的统一。比如，通过碳交易机制将碳排放权明晰化，对于那些不能达到减排指标的企业，只有向减排达标的企业购买减排指标，才能进行生产经营活动，这就将污染成本内生于企业的经营成本之中，使得企业产生主动减排的内在动力。

三   科学发现引领的技术创新机制

日本学者 Kaya Yoyichi 提出的碳排放计算公式：

$$碳排放 = 人口 \times \frac{GDP}{人口} \times \frac{能源消耗量}{GDP} \times \frac{碳排放}{能源消耗量}$$

随着经济的发展，公式右边的第一项人口、第二项人均 GDP 都会呈上升趋势，要减少碳排放必须降低第三项单位 GDP 能耗和第四项碳排放系数。单位 GDP 能耗涉及技术问题，碳排放系数涉及能源使用结构问题。从技术上看，传统工业园区向低碳转型的动力就在于通过技术创新降低单位 GDP 能耗，通过新能源开发降低综合碳排放系数。"低碳"在最初是一个纯技术话题，就是通过技术创新、研发探索来减少对不可再生碳基能源的使用和污染物的排出，只是当人们用低碳技术和理念来配置资源，以实现可持续的产出增长的时候，才上升到经济发展模式的高度。因此，技术创新是推动传统工业园区低碳转型的最基础动力。传统工业园区的产业特点决定了它的能耗、排放都会高于高新技术产业园区，因此，必须依靠技术创新提高能源利用效率，增加循环利用水平，减少污染排放总量。中国是最大的新能源应用市场，如果能抓住这一轮新能源等低碳技术突破的机会，抢占技术制高点，则会为众多的传统工业园区向低碳转型提供强大动力。

第三节 清洁生产：生态转型的技术驱动

一 清洁生产的概念与理论

20 世纪 60 年代，西方工业化国家为有效提升能源利用效率，减轻环境污染，对生产过程中产生的废物采取了所谓"末端处理"的做法。虽然成效明显，但发现仍有许多环境问题难以有效解决。虽然问题似乎越来越紧迫，但人们已经认识到，唯技术论在严峻的资源消耗和环境污染面前并无出路，更应该从系统思维出发，研究生产全过程对环境的影响，依靠技术、制度和每个社会成员的行为来消除污染，是更为有效的。在此背景下，联合国环境规划署工业与环境中心于 1989 年制订了《清洁生产计划》，该计划的目标是在全球范围内推行清洁生产计划。根据联合国环境规划署的定义，所谓清洁生产是指将综合预防的环境战略，持续地应用于生产过程和产品中，以便减少对人类和环境的风险。

1992 年 6 月召开的里约热内卢联合国环境发展大会，正式把清洁生产定为可持续发展的先决条件，清洁生产被列入行动纲领。

1992 年 10 月在巴黎举行的清洁生产会议上，联合国环境署（UN-EP）对清洁生产计划做了发展性调整。建立了示范项目及国家清洁生产中心，以有助于建设地方体制的清洁生产能力，认定清洁生产是可持续发展的基本条件，推动了清洁生产的发展。① 从过程性视角来说，清洁生产是实现经济和环境协调持续发展的重要手段之一。1996 年，UN-EP 将清洁生产的概念重新定义为：清洁生产意味着对生产过程、产品和服务持续运用整体预防的环境战略以期增加生态效率并减轻人类和环境的风险。对于生产过程，它意味着充分利用原料和能源，消除有毒物，在各种废物排出前，尽量减少其毒性和数量。对于产品，它意味着减少从原材料选取到产品使用后最终处理处置整个生命周期过程对人体健康和环境构成的影响；对于服务，则意味着将环境的考虑纳入设计和所提供的服务中。②

1992 年，我国响应清洁生产号召，将推行清洁生产列入《环境与发展十大对策》，正式开始了清洁生产计划。目前，我国绝大多数省、自治区、直辖市开展了清洁生产的培训和试点工作，通过实施清洁生产，普遍取得了良好的经济效益和环境效益。③ 自 2003 年《清洁生产促进法》颁布实施以来，我国把清洁生产作为建设资源节约型、环境友好型社会的重要手段，将清洁生产纳入各级国民经济社会发展规划和重要的项目规划，推进结构调整和技术进步，实施清洁生产审核和清洁生产技术改造，开展清洁生产宣传培训和国际合作，取得了积极进展。伴随这一过程，循环经济应运而生。自我国开始建设"两型社会"以来，在推动资源节约和综合利用、推行清洁生产、探索循环经济发展模式等方面，取得了明显成效。当前我国发展循环经济的实践，正以国家试点及立法为基础，朝着实质性行动的方向推进。

清洁生产的理论基础分别是物流基础、价值基础和经济基础。物流

---

① 沈玉梅：《清洁生产发展及应用前景》，《环境科学进展》1998 年第 2 期。
② 王学军、赵鹏高：《清洁生产概论》，中国检察出版社 2000 年版，第 136—137 页。
③ 张育红：《中国推行清洁生产的现状与对策研究》，《污染防治技术》2006 年第 3 期。

基础源于生产的人与自然的交换过程，认为生产不仅是生产财富的过程，同时也是产生废弃物的过程，物质财富生产和废弃物的产生过程构成我们所依赖的经济系统。生产废弃物作为一种错配的资源，存在不仅客观，而且须正确面对。如果无限制向环境排放，超出了自然系统的物质承载和净化能力的话，就会导致环境的污染。所以减少废弃物排放，不但能提升生产效率，保护环境，而且能有效克服"末端治理"对生产过程控制的忽视后果。清洁生产主张利用先进技术对废物进行调整和控制，使其循环使用重新变成资源，直至成为自然界可以接受的形式。价值基础是从社会劳动总体效应的视角分析的，商品的价值由社会必要劳动时间来衡量，如果生产过程中生产资料的转移大部分转化为废弃物，不能够成为商品的必要劳动时间，也就难以形成价值。由此可见，产生废物的这部分劳动与生产资料不能形成价值，得不到补偿。如果因废弃物产生太多而使得个别劳动时间高于社会必要劳动时间，于是该生产者在竞争中处于不利地位，终将因竞争力不够而被市场淘汰。① 因此，用系统的观点对生产过程全面衡量，尽可能减少整体生产过程的社会必要劳动时间，提升产品的产出效率，就是清洁生产的要求。② 经济基础主要是从经济学理论中的外部性角度阐释的，外部性是指污染物的排放者对环境造成了污染，但是没有承担相应成本，而导致社会福利净损失的状况。传统的"末端治理"由于搭便车行为、零和博弈的影响，甚至加剧了外部不经济性。推行清洁生产是解决外部性外溢的有效途径。清洁生产的实施能够节约能源，降低原材料消耗，减少污染，降低产品成本和"废物"处理费用，提高劳动生产率，改善劳动条件，直接或间接地提高经济效益。③ 清洁生产是循环经济、可持续发展在生产环节和生产管理领域的具体体现，将末端治理与过程控制结合，本着生产过程清洁化、资源消耗最小化、经济效益最大化的基本思路，将经济增长方式从粗放型向集约型转变，努力实现全面、协调、可持续的发展。从现实的角度来看，促进清洁生产是未来环境发展战略和环境管理

---

① 肖涛：《马克思主义政治经济学》，经济管理出版社1998年版，第50—80页。
② 石芝玲、侯晓珉、包景岭、尹立峰：《清洁生产理论基础》，《城市环境与城市生态》2004年第3期。
③ 沈玉梅：《清洁生产发展及应用前景》，《环境科学进展》1998年第2期。

发展的战略抉择，也是我国坚持新型工业化道路的必然途径。

二　清洁生产的政策与案例

从西方工业化发展的教训可以得出，工业的发展必须生态化，必须从环境可持续的视角发展现代工业。作为清洁生产的重要载体，生态工业园的建设也伴随循环经济和可持续发展的理念在全国各地不断涌现。通过强调内部循环，在对现有企业和产业定位进行详细了解的基础上，合理引入与原有企业存在潜在协同和共生关系的企业和产业，优化物质、能量和信息流，形成园区生态系统。[①] 作为现代经济发展中最具代表性的产业经济组织形式，工业园区的发展对于中国区域经济的增长和就业都曾发挥了无可替代的引领和推动作用。自 2001年起，中国开始了生态工业园区的实践探索；2003 年，进一步将生态工业引入经济技术开发区和高新技术开发区。国家生态工业示范园区是 2007 年由国家环保总局（现环境保护部）、商务部、科学技术部依据循环经济理念、工业生态学原理和清洁生产要求而设计创建的新型工业园区。国家环保总局依据《关于开展国家生态工业示范园区建设工作的通知》，开展国家生态工业示范园区的建设工作。由环保总局、商务部和科技部成立国家生态工业示范园区建设协调领导小组，办公室设在国家环保总局科技标准司，负责国家生态工业示范园区的审核、命名和综合协调工作。经过多年发展，中国生态工业园区建设已经一步步由探索走向规范。截至 2014 年 10 月 20 日，国家生态工业园区建设共 94 家，其中通过验收 31 家，63 家批准正建。[②] 国家生态工业园区的批准建设数量总体呈上升趋势，尤其是在 2010 年和 2013 年有显著性的增长。

南京高新技术产业开发区是国家生态工业示范园区，是国家级新区南京江北新区的重要组成部分。到 2020 年，南京 60% 以上的高新技术企业将位于"一区两园"，其中的"一区"就是指高新区。在江北新区"三区一平台"的定位中，南京高新技术产业开发区在创新示范区中占

---

① 王艳：《环境约束下工业园区的产业生态化发展机制研究》，《辽宁经济》2016 年第 7 期。

② 刘璐：《基于生态文明的中国生态工业园区建设研究》，《当代经济》2015 年第 1 期。

有重要地位。对南京高新技术产业开发区的定位，决定了其将集聚高端要素，也只有集聚高端要素，才能实现南京高新区的发展。而高端要素对于良好的生态环境有着较高的要求。因此，南京高新技术产业开发区坚持以清洁生产保持生态环境，以生态环境筑就美好家园，形成了生产—生活—生态的良好循环。

2014年9月，南京高新技术产业开发区被批准为国家生态工业示范园区。按照园区管理规定，获得命名的工业园区应采取有效措施，在建设和发展的过程中，保持生态工业发展水平，保证评价指标数据统计、分析体系正常运行，每年应对生态工业建设绩效进行自我评价。每年南京高新技术产业开发区通过资料收集、指标核算，将国家生态工业示范园区建设评价报告上报国家环保部，这既是完成环保部的审核督查，也是南京高新技术产业开发区的一种自我加压和自我检视。同时，南京高新技术产业开发区重视对企业的培训，提升企业的参与意识。例如，为深入了解区内企业VOC治理成本，为VOC排污费征收提供准确的依据，高新区城管环保局召集园区15家喷涂、橡胶、汽修等重点VOC排放企业，进行治理成本调查培训。一是要求企业环保部门深入调查VOC年排放量，二是认真核算VOC废气治理设施产生的费用，三是科学计算治理VOC产生的活性炭等危废处理费用。①

2016年，南京高新技术产业开发区所有指标均达到标准要求。以国家生态工业示范园区、苏南国家自主创新示范区等为载体，南京高新技术产业开发区生态建设全域推进，产业结构调整加快，能源结构持续优化，环境质量稳中有升，生态文明意识普遍提升。

三　清洁生产的制约因素

生态工业园区作为推动清洁生产的重要空间，自开展以来成效显著，涌现出了一大批典型的建设成果。然而，不论是从西方国家的运行实践，还是我国的现实经验来看，都反映出了一系列问题。从工业共生体的新形态发展阶段而言，生态工业园本身的系统并不稳定，导致运行

————————

① 南京市环保局网站（http://hbj. nanjing. gov. cn/43125/43127/43142/201703/t20170318_ 4401744. html）。

效率低下甚至失败。因此，如何克服障碍，保持生态工业园稳定至关重要。从治理的角度，治理作为一种管理组织行为和组织间关系的有效手段，是与生态工业园相适应的有效制度安排，能够整合生态工业园内外部资源，保障生态工业园稳定、可持续地运行。[①]

（一）企业之间的共生合作链条不够紧密

生态工业园区最重要的是企业之间的相互作用和企业与园区环境间的关系。企业合作关系链条主要表现在企业生产在副产品和原材料利用中的紧密关系和资源的循环交替进行过程。这样不同的企业之间由此形成类似自然食物链条的关系，企业之间密切关联，共存共生，从而达到"充分利用资源、减少废物产生、消除环境破坏及提高经济效益的目的"[②]。应该说，企业作为生态工业园清洁生产的最主要主体，共生关系程度如何直接影响着工业园区的经济产能和生态发展能力。南京高新技术产业开发区工业生态园内企业间合作建构的共生链条链接得不够紧密，共生系统弹性较差，产业资源的循环利用程度较低等问题比较突出。具体体现在三个方面：一是企业成员类型少，同质化严重，共生链条较短，循环能量不足。互补性企业缺乏导致工业园区交换性流程减少，使能源、生产原料及副产品之间的交换通道单向化，呈现高耗能、低效率的特征。二是企业园区布局疏松，没有合理的功能区划，资源共生系统相对松散。园区企业最初没有进行整体性的发展规划，缺乏企业间的资源承接空间设计，相互距离较远，降低了原料传输效率和循环利用质量，削弱了园区的整体生态化发展能力。三是企业变动频繁，不利于共生链条的稳定和产业循环系统的持续发展。由于生态工业园区清洁生产的阶段性风险和新型资源循环性技术的探索性，系统本身稳定性不高。如整个开发区的中水回用和循环利用率偏低，同时在传统行业中清洁生产的水平偏低，循环经济理念还未被企业很好地接受和付诸实施。企业的合作能力欠缺导致关系链条疏松化，又降低了企业生存的环境适应性。因此，企业主体的生存能力成为生态工业园区能否健康发展的直

---

① 郭永辉：《生态工业园治理模式决策分析》，《郑州航空工业管理学院学报》2015年第4期。

② 陈浩：《生态工业园中的生态产业链结构模型研究》，《中国软科学》2003年第10期。

接制约因素。

（二）清洁生产技术创新的激励机制不足

园区作为企业从事清洁生产的重要空间载体和行动场域，本身的运行动力和发展机制成为制约企业行动效能的关键。生态工业园区应该依据工业生态系统的要求，建构起利于物质能量和信息流动的完善的生态链，勾连不同资源和产业间的流通渠道，提升工业园区生态系统的封闭性、灵活性和整体性功能。[①] 制约南京高新技术产业开发区在园区清洁生产方面的问题，主要在于以下三个方面：一是园区管理机制松散，政策随意性明显，服务创新不足。松散的管理组织随之导致的是职能不清，合作效能不足，机构分工不明确。比如，园区的产业组织机构和行政管理部门职责边界交叉，协同性不足，也使园区管理的制度欠缺，管理不规范问题突出。二是园区的生态技术特色不足，难以产生示范功能。园区企业的技术基础是提升企业协同功能的关键，通过相关技术的引进和发展，使企业间的副产品和原料间的交替利用成为可能。目前开发区内没有中水回用的集中化处理设施，实现园区水的梯级利用、物质循环利用和废物产生量最小化在技术上仍有一定的难度。三是园区企业清洁生产观念薄弱。园区企业往往将回收与循环利用废物发生的费用，与简单处置废物发生的费用比较，由于缺乏相关的政策和制度规制，即使废物再利用的技术可行，在没有经济效益的情况下，企业仍然很少选择进行废物的再生利用。

（三）所在区域的地方协同性有待提升

作为嵌入地方整体性发展场域的重要经济实体，园区的可持续发展除了内部生态系统的和谐健康外，园区与外部环境良好关系的建立和维系也成为重要因素。地方政府与伙伴关系在园区的建设和发展的过程中发挥了重要作用，不仅成为承接园区规划建设的引领者，也成为园区后续发展管理的主要监督者。一般来说，能够接受该区域生态工业园区的地方社区，其关注和参与的积极性还是比较高的，地方社区的介入和合作对于生态工业园区的顺利成长有积极的影响。因此，产业生态园必须

---

① 许芳：《工业生态园的生态机制及其策略研究生态经济与资源节约型社会建设》，中国生态经济学会学术年会论文集，2006 年。

扎根于地方，并建立同地方的良好伙伴关系。① 此外，园区的选址往往是地方政府在政策层面经济重点发展和建设的区域，往往以发展"地方区域性的产业生态系统"为地方发展战略的目标方向，更承担了地区性经济社会发展新模式的引领角色，因此政策涉及的程度相对深入。从这一层面而论，南京高新技术开发区在与地方的协同关系方面有待提高，特别是维持地方社区的经济环境，在废弃物排放污染的合作治理、资源的共享利用及地方经济和社会服务层面需要进一步努力。

第四节　循环经济：生态转型的目标导向

20 世纪 60 年代，美国学者鲍丁指出，我们生活的地球就像是太空中一艘小小的宇宙飞船，人口和经济的无序增长会使船内有限的资源耗尽。生产和消费过程排出的废料会污染飞船，毒害船内的乘客，使飞船坠落。这就是所谓的"宇宙飞船理论"。

要避免飞船坠落的悲剧，就得改变资源单向使用的消耗型经济增长方式，而是注重废弃物的再利用和资源的循环。这是循环经济思想的源头。循环经济是一种新的经济发展模式，以解决环境恶化与经济发展之间的矛盾为目标，主张以最小的资源消耗和环境代价实现国民经济的持续增长。秉承经济发展、社会发展、保护环境的可持续发展理念，追求经济效益、生态效益和社会效益三者的统一。本书前面章节对生态经济已有专门论述，为强化对比，我们再次强调，生态经济是指在生态系统承载能力范围内，挖掘一切可以利用的资源潜力，发展生态高效的产业，实现经济发展与环境保护的双赢。生态经济是实现经济腾飞与环境保护、物质文明与精神文明、自然生态与人类生态高度统一的可持续发展经济。循环经济有两层含义，一是循环，即物质单向一次流动变为往复多次流动。二是高效，即要最大限度地发挥每一次物质流动的效能。所以，循环经济以资源高效利用和循环利用为目标，以"减量化、再利用、资源化"为原则是按自然生态系统物质循环和能量流动方式运行的

---

① 董华：《产业生态园发展必须关注的六大问题》，《工业技术经济》2009 年第 2 期。

经济模式。它要求运用生态学规律来指导人类社会的经济活动，保护生态环境，实现社会、经济与环境的可持续发展。循环经济本质上是一种生态经济，要求运用生态学规律来指导人类社会的经济活动，把清洁生产和废弃物综合利用融为一体。

目前，南京的 4 个国家级园区，除化工园为省级生态园区外，其他 3 家都已建成国家级生态园区。在发展循环经济方面，南京经济技术开发区和江宁经济技术开发区进行了有益的实践。2011 年 12 月，南京经济技术开发区通过国家级生态工业示范园区审核验收，成为南京首家通过国家级生态工业示范园区。南京经济技术开发区从规划到招商无不秉承循环经济的目标导向，不仅强调区内企业的用能减量和循环再利用，更从产业链上谋划能源的循环利用。例如，按照循环经济的要求，围绕开发区的功能定位和生态链框架，有选择地进行补链招商，集中吸纳同类企业，促进产业链群的形成。重点引进那些有利于循环经济、清洁生产的项目，形成能源的闭环流动。南京经济技术开发区在园区建设各方面及项目建设各环节全面落实环保要求，要求落户项目在规划设计、制造流程、工程建设等方面以"绿色、生态"为核心，通过各种先进技术着力实现节能降耗，减少污染物的排放，实现"循环利用"的目标。高标准建设示范区污水处理厂等一批环保配套基础设施，依照环保法规处理废水、废气及固体废弃物。加快示范区的生态走廊建设，提升园区环境质量。2015 年 1 月，江宁经济技术开发区通过国家生态工业示范园区验收，成为继南京经济技术开发区、南京高新区后南京的第三家国家生态工业示范园区。江宁经济技术开发区通过深化创新驱动战略，坚持走绿色可持续发展之路，通过引导企业加大技术改造力度，积极推进园区产业结构优化，完善污水处理、集中供热等环境基础设施等，形成了产业发展、环境保护、民生改善的良性互动的良好局面。目前，已形成"高、轻、静、优"的生态环保"2＋2＋2"现代产业体系，引进 30 多家国内外知名研发机构，初步形成电力、汽车等循环经济产业链。①

南京化学工业园虽未进身国家级生态园区之列，但从其产业类型来

---

① 江瑜：《江宁开发区成为国家生态工业示范园区》，《南京日报》2014 年 12 月 31 日 A1 版。

看，化工园要建成生态型园区必须走循环经济之路。作为专业化工园区，如果不走循环经济之路，必然沦为污染区、资源消耗区和非宜居区。目前，南京化工园区具备了较为完善的产业链体系，同时投巨资建设了水电气、环保物流等公用工程配套网络设施。但在功能区布局上还需要进一步优化。早期的南京化工园是依托扬子石化、扬巴公司等发展起来的，许多企业及公用工程配套在规划布局上已成定局，这给园区的功能区布局带来了较大的影响。因玉带片区处于南京城区主导风向的上风口，不能发展重化工产业，这就在功能区划上影响了循环经济的实施。这些都需要在原有的基础上进一步优化调整，使产业区用地布局更合理，更利于循环经济的实施。

作为向循环经济转型的模式，目前比较普遍的模式是：工业集中区或者经济开发区内的企业在清洁生产的基础上，延长生产链条，使上游企业的废物成为下游企业的原料，实现区域或企业群的资源最有效地利用，使废物产生量最小，甚至零排放。但是对于巨型石化企业而言，它们往往是自我形成循环，或是不屑于，或是不需要与园区其他企业形成循环链条。此时，政府有形之手应该有所作为，以实现公共利益与企业个体利益的平衡。在工业园区积极发展循环经济，是开辟资源综合利用、反复使用的新途径，是把发展经济与节约资源、保护环境结合起来，实现向生态园区转型的重要途径。工业园区在编制规划时，必须考虑循环经济的目标，这是由工业园区的特点和人类经济发展面临的主要困境决定的。特别要编制重点行业循环经济推进计划，建立循环经济评价指标体系和考核制度，促进资源的循环利用和清洁利用。

发展循环经济是关系工业园区健康发展的战略性工程，我们提出了如下的发展思路和应对举措。

一　以理念创新推动实践上的生态转型

在理念上，要使工业园区的管理者和企业认识发展循环经济的意义，明确生态转型方向，坚定绿色发展的决心，进而增强生态转型的积极性和主动性。要把绿色指标作为考核体系的重要内容，协调经济增长近期目标与社会发展长远目标之间的关系，充分体现"循环经济"的要求。同时，强化微观经济主体发展循环经济的全局意识，在追求微观经济利益的同时，自觉地将资源耗费、污染排放控制在最低程度。建设工程的设计、建造，要充分考虑节能、环保、绿色、效能和环境保护。

二　以战略引领推进经济的可持续发展

将发展循环经济作为工业园区经济可持续发展的长期战略，并拟定中长期发展规划。为此，一是应在摸清家底、找准问题的基础上，制定长远规划。二是通过相应方针政策的配套出台，推进循环经济发展战略的实施。

三　以技术引领培育新经济增长点

循环经济技术在促进新能源、新产品、新产业开发方面具有突出的作用。苏南工业园区应重点考虑在以下方面寻求突破：一是在有可能突破的新能源、智能电网、光伏利用等方面形成优势产业，并以此作为新的经济增长点，带动相关产业发展。二是针对目前减排潜力不足的现状，即苏南地区的小化工已基本关停，重点工业治理项目已基本完成，适时改进工艺，改造设备，改进生产流程，以循环、减排技术的提高降低生产成本，提升经济效益。三是利用工业"三废"综合治理的现有能力，瞄准世界环境保护产业发展的广阔前景，在环保问题集中的"石油化工""工业制造"方面，寻求技术突破。

第五节　工业园区生态转型的路径

苏南地区正处在经济社会快速增长的时期，传统的发展模式对工业区长期发展的影响将逐步显现出来。原来高投入、高排放、高污染的"高碳经济"发展方式所带来的沉重能源和环境压力，以及可以预见的未来发展动力的疲态，已经引起了各方面的高度重视。要实现经济社会的可持续发展，就必须十分清醒地认识到自己转型的方向。现在的问题不是转不转，而是怎么转。

一 以创新为引领，激发转型活力

制度的创新进而激发行为主体的积极性，是苏南工业园区生态转型的关键。产业组织理论非常重视政策引导的作用。经济发展的一般规律告诉我们，工业园区的转型也应循序渐进。比如，如果传统工业园区的传统支柱产业能耗较大，如果突然进行传统产业的替代，可能造成严重后果。因为新产业的培育和发展是需要一个过程的。要实现传统工业园区的低碳转型，应通过制度创新激励企业自主转型，而不是用行政力量强制关停企业。让市场机制来配置资源，才是最有效率的。资本总是跟着利润走，只要政府做好制度设计，采用负面清单，不禁止的都可以来。在竞争中胜出的往往是效率较高的，能够在环境成本内化于企业的情况下，仍然保持高效率，这样的企业自然是有竞争力的。拥有众多这类企业的工业园区，自然也是有竞争力的。

二 以绿色为方向，专注技术研发

绿色发展需要技术的支撑，坚持绿色发展内在地要求进行不断的技术研发。生态转型要求通过技术创新来减少对化石能源的使用和污染物的排放。当人们用低碳技术和理念来配置资源，实现可持续产出增长的时候，才上升到经济发展模式的层面。因此，技术创新是推动生态转型的最基础动力。

技术创新是指在给定的生产要素水平下，通过一定的生产函数设计，提供更多更好的产品或服务。当前，石油化工行业对国民经济仍然非常重要。例如，在南京的化工园，重化工产业在一定的时期还将是支柱型产业。传统产业不必然就是高污染、高能耗的，完全可以通过技术创新绿化传统产业。对重化工行业进行优化升级，必须依靠科技创新和技术进步。德国以化工为优势产业，但其发展的是绿色化工。化工园里同样空气清新，其碳排放强度也可以很低。因此，通过技术创新升级传统产业，是经济转型过程中的重要内容。科技创新实力、研发设计能力是拥有科教优势的南京需要深入挖掘的资源。从目前南京的工业情况看，内资企业在科技创新上投入了大量资金，研发投入达到了 45.87 亿元，而三资企业研发在南京的投入经费较少，仅为 9.86 亿元，只占规

模以上工业的 17.7%。① 因此，要吸引外资企业研发中心落户苏南工业区，促进苏南工业结构提档升级，实现苏南工业发展新跨越。我们还应积极促成传统工业的外资企业在苏南工业园区建立研发中心。

三　以资源集约为目标，推进能源替代战略

重化工产业需要消耗较多的能源，而苏南又是一个一次能源匮乏的地区。积极发展新能源产业既可优化产业结构，又可为传统产业提供新能源。在全球经济向生态、绿色、低碳转型的背景下，大力开发利用太阳能等可替代能源是赢得更广阔发展空间、形成更持久竞争力的战略选择。

苏南地区拥有发展太阳能产业的独特条件。从整个光伏产业来看，南京现有以中电电气光伏科技有限公司为龙头的光伏企业 20 余家，形成了从电池、组件、集成系统到光伏应用产品较为完整的产业链。无锡尚德虽经历破产保护，但近期已显示出涅槃重生的崭新迹象。国家电网公司国网电力科学研究院（南瑞集团）经国家电网公司、国家能源局批准，正在筹建国家能源太阳能发电研发（实验）中心，一期工程已建成并投入运行。南京光伏产业实现产值、太阳能电池产量、电池组件生产都有望在行业向好的背景下进一步扩大市场占有率。苏南地区相关企业的太阳能电池转化效率居国内领先地位，太阳能光伏产业已具备较为雄厚的发展实力。2009 年国家科技部授予江宁开发区为国家星火计划可再生能源产业基地称号。2010 年 7 月商务部批准南京建设低碳产业示范区和绿色中心商务区②，在低碳产业示范区研发和生产薄膜太阳能等绿色节能环保产品，这些产品在绿色中心商务区内应用，实现建筑光伏、光热一体化，形成两区联动的发展模式。以太阳能为主要形式的新能源技术的成熟，将为传统工业提供清洁的二次能源。

从风电能源来看，中国风电发展非常迅速。以南京为例，风电装备产业是南京重点扶持的新兴产业之一，且具备了良好的发展基础。国内

---

① 南京统计局网站（http：//www.njtj.gov.cn/）。
② 同时获批的还有杭州市。

最大的风电整机企业——金风科技将其兆瓦级风电机组产业化项目落户
江宁科学园，使南京的风电装备产业链补上了"整机生产"这个关键
龙头。除此之外，南高齿和南汽轮的风电配套项目，十四所、冠亚电
源、南瑞继保等的电气系统，江标集团、神龙风力、天能风力等企业的
塔筒、机舱等部件，都具有优势。在科研领域，南航风研中心、十四
所、东大电气院等科研院所，都为技术攻关提供保障；东南大学、南航
等高校还设置了发动机专业，可为风电产业输出专业人才。

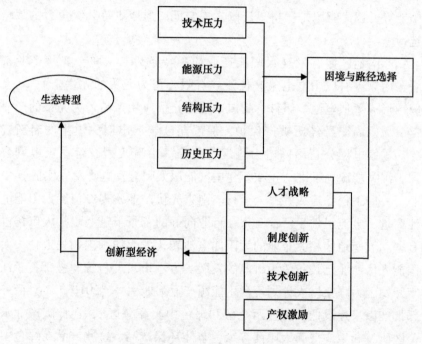

图4—2　苏南工业园区生态转型路径

　　目前，苏南地区已经形成了中国宜兴环保科技工业园等环保型产业
园区。但那些以重化项目为主的传统工业园区仍然是工业园区生态转型
的难点和重点。石化作为南京的支柱产业，多年来一直占有重要地位。
目前，南京地区拥有扬子石化、金陵石化等较大规模的石化企业200余
家，生产的石化和化工产品有600多个品种，一些产品产量多年来一直
位居全国前列，质量处于全国领先水平。作为南京四大支柱产业的排头

兵，石化产业在南京经济发展过程中具有举足轻重的作用。但我们也要看到，化工产业还有一些在市场竞争中处于十分不利地位的中小化工企业。这些小企业无法形成规模优势，技术水平较低，能耗和污染较重，不具有创新能力，单靠自身难以实现"华丽转身"，必须进行结构调整，加速淘汰中小型化工企业，集聚发展大型企业和化工园区，以提升化工产业的整体创新能力和市场竞争实力。

第五章

苏南工业园区生态转型的社会逻辑

地处长江三角洲的苏南,不仅是近代中国民族工商业的发祥地,也是现代经济社会最发达、现代化程度最高的地区之一,创造了举世闻名的"苏南模式"。在"新常态"下,苏南紧跟时代的潮流,摈弃传统的粗放型发展模式,加快调整经济结构,推进技术创新,打造经济与环境相协调的可持续发展模式。随着苏南发展方式的转变,苏南工业园区率先踏上了生态化转型的道路,在产业转型升级、节能减排、清洁生产、循环经济发展等方面取得了显著的成就,生态环境也得到了显著的改善,这与苏南地区的经济、政治与文化是分不开的。苏南不仅是全国经济最为发达的区域之一,而且是国家现代化建设的示范区,有着深厚的文化底蕴。在苏南工业园区的生态转型中,这些经济优势、政策优势和文化优势都将转化为生态优势,推动苏南工业园区率先实现生态化转型,率先建成全国生态文明示范区。

第一节　苏南的经济优势[①]

经济的运行与发展是有阶段性的。当经济发展到一定程度之后,必然会发生经济模式的转型。最早提出"经济成长阶段论"的是美国经济学家沃尔特·罗斯托。在他的代表作《经济增长的过程》与《经济

---

① 本节内容前期成果参见孙秋芬、任克强《生态化转型:苏南模式新发展》,《哈尔滨工业大学学报(社会科学版)》2017 年第 5 期,收入本书时做了修订。

增长的阶段——非共产党宣言》中，把人类社会划分为 6 个阶段：传统社会阶段、为"起飞"创造前提条件阶段、"起飞阶段"、向成熟推进阶段、高频群众消费阶段、追求生活质量阶段。其中，"起飞"与"对生活质量追求"是人类社会发展中的两个重要"突变"①。苏南地区自改革开放以来，经济一直处于快速发展阶段，在全国的经济发展中处于领先的位置。如今的苏南地区事实上已经进入了追求生活质量的阶段，而生活质量中尤为重要的就是生态环境的优良，这隐含了苏南经济发展方式转型的必然性和必要性。只有经济发展方式发生了转型，摒弃传统的以牺牲环境为代价的粗放型发展方式，向创新型转变，才能改善生态环境，实现经济与生态的协调发展，真正满足人们对生活质量的追求。

在新常态下，苏南紧抓机遇，全力以赴推行经济发展方式的转型，不仅保持了经济总量领先的态势，更是促使经济质态有显著的提升。"调速不减势，量增质更优"，成为苏南在新常态下的经济发展目标，这就为苏南工业园区率先进行生态转型提供了强力的经济支撑。一方面，苏南巨大的经济总量，为苏南工业园区生态转型提供了丰富的物质基础。生态转型中的污染治理、产业转型和创新发展需要大量的环保、科技和人才的投入，而苏南各市坚实的经济实力是其强力的后盾。另一方面，苏南经济结构的转型，从粗放型向创新型转变，为苏南工业园区生态转型提供了抓手。根据环境"库茨涅茨曲线"理论，经济增长自身带有影响环境的效应，即规模效应、技术效应和结构效应。随着经济发展方式的转型，规模效应的降低，技术效应和结构效应作用的发挥必然会促使环境的改善，经济优势转化为生态优势，促使苏南工业园区率先实现生态转型。

一　苏南模式的四级演进

提到苏南，人们熟知的谣谚是"苏常熟，天下足"、"上有天堂，下有苏杭"。前者最早的书证出自宋代，后者最早的书证已到了明代，

---

① ［美］W. W. 罗斯托：《经济增长的阶段——非共产党宣言》，郭熙保、王松茂译，中国社会科学出版社 2011 年版，第 4 页。

当然这两个谣谚实际出现的年代还应该稍早一些。① 从这两个谣谚可以看出，苏南地区是美丽富庶的"鱼米之乡"，从宋代起，其经济发展水平就处于全国领先地位。明清时期，苏南又最早孕育出了资本主义萌芽，初具现代经济特征的工商业迅猛发展。清代后期至民国的百年风雨沧桑，苏南地区的有志之士面对国家的危难，力图实业救国，民族工商业在苏南发轫、兴起。改革开放30多年来，苏南地区仍然是中国发展最迅速、取得成绩最辉煌的地区，许多方面走在江苏甚至是全国的前列，从20世纪80年代乡镇企业的崛起，苏南的经济发展大体经历了四个阶段。

第一阶段："所有制改革"阶段，时间为1979年至20世纪80年代末。这一时期，苏南以推行家庭联产责任承包制为契机，在社队企业的基础上大力发展乡镇企业，实现由农村社会向工业社会的转变，这便是经典的苏南模式。根据费孝通的定义，苏南模式"以发展工业为主，集体经济为主，参与市场调节为主，由县、乡政府直接领导为主"②。乡镇企业作为苏南模式的经济主体，其发展呈现燎原之势，其在区域工业经济中的比重不断增加，从20世纪70年代末的不足20%，到80年代中期的"半壁江山"，再到90年代中期的"三分天下有其二"③。可见，苏南经济发展的第一阶段，其核心动力在于所有制改革。所有制改革催生下的乡镇企业，以小而灵活的独特优势，打破了单一计划经济的坚冰，为工业经济注入了新的活力，极大地推动了苏南地区经济总量的增长。1978年，苏、锡、常三市的乡镇工业总产值为26.08亿元，到1980年达到51.88亿元，年平均增幅高达41%。④ 以发展集体经济为特征的苏南模式与以引进外资为主的珠江模式、以发展民营资本为主的温州模式，一道成为指导全国经济发展理论与实践的重要资源。

第二阶段："引进外资"阶段，时间为20世纪90年代前后。其时，传统的苏南模式在面对市场化改革和对外扩大开放的浪潮中逐渐显示出

①　周欣：《江苏地域文化源流探析》，东南大学出版社2012年版，第92页。
②　费孝通：《小城镇大问题》，江苏人民出版社1984年版。
③　庄若江、蔡爱国、高侠：《吴文化内涵的现代解读》，中国文史出版社2013年版，第104页。
④　唐岳良、陆阳：《苏南的变革与发展》，中国经济出版社2006年版，第24页。

弊端。苏南地区适时做出调整，以全方位的改革和开放为契机，利用毗邻上海的区位优势，依托乡镇工业的生产能力、流通网络和人力资源基础，外贸、外资、外经齐上，合作、合资、独资并举，"各级各类工业园区并进，大力发展外向型经济"[①]。到了 1995 年，苏、锡、常三市外商实际投资额达到 22.19 亿元，其中苏州市就达到了 15.09 亿元。苏州市到 1999 年累计合同外资达 311.7 亿美元，实际利用外资为 171.1 亿美元。[②] 苏南人从"田岸"走向了"口岸"，实现了由内到外的转变，走上了经济国际化的道路。

第三阶段："产权改革"阶段，时间为 20 世纪 90 年代末。原先苏南模式中的乡镇企业的"产权结构是多元的，其中不仅包含私人产权，还包含集体产权，甚至有一部分乡镇政府的产权"[③]。多元化的产权结构从当初对经济发展起促进作用已经转化为对进一步的市场化产生较大的阻碍作用。因此，清晰的产权界定以及由此带来的企业改制为特征的产权改革成为这一阶段的标志。经过 1997—1999 年的产权改革，苏南模式由原先的集体经济转变为民营经济，实现了向"新苏南模式"的转型。

第四阶段："产业结构转型"阶段，时间为 21 世纪初以来至今。进入 21 世纪，尤其是 2002 年党的十六大以来，苏南按照中央提出的全面小康社会目标和科学发展、和谐发展的要求，加快转变经济增长方式，增强自主创新能力，努力从苏南加工、苏南制造走向苏南创造，从量转向质的发展，实现由传统发展向经济社会可持续发展的转变。苏南目前是国家的自主创新示范区和现代化示范区，通过产业结构升级，发展循环经济和清洁生产，打造"新苏南模式"，逐渐走上一条科技含量高、经济效益好、资源消耗低、环境污染少、人力资源优势得到充分发挥的新型工业化道路。

从 30 多年的发展历程来看，苏南的经济发展经历了"农转工""内转外""量转质"的三次提升，逐步从一个以传统轻工业为主的地

①　张月有、凌永辉、徐从才：《苏南模式演进、所有制结构变迁与产业结构高度化》，《经济学动态》2016 年第 6 期。

②　唐岳良、陆阳：《苏南的变革与发展》，中国经济出版社 2006 年版，第 24 页。

③　洪银兴：《苏南模式的演进及其对创新发展模式的启示》，《南京大学学报》（哲学·人文科学·社会科学版）2007 年第 2 期。

区走向了现代制造业基地，从区域经济相对封闭走向了全方位、高层次、宽领域的开放格局，从粗放型发展道路走向了自主创新、经济与环境相协调的科学发展、和谐发展之路。无论从"量"还是从"质"来看，苏南都处于全国领先地位，并起到示范作用。

在"量"上，苏南经过30多年的发展已积累了雄厚的经济实力。数据显示，2014年苏南五市（南京、苏州、无锡、常州、镇江）的地区生产总值已突破3.8万亿元，占江苏省近六成，约占全国的6.1%[1]。人均GDP已全部突破10万元。[2] 城乡居民人均可支配收入居于全省前五名，其中苏州、南京、无锡、常州4个城市人均可支配收入已超过3万元。在进出口贸易中，2014年苏南地区实际完成出口2860.03亿美元，同比增长3.7%，占全省出口总额的83.66%[3]，城镇化率超过70%，中心城市综合实力位居全国同类城市前列，有6个县（市）进入全国县域经济基本竞争力百强县前10名。[4] 在"新常态"下，苏南的经济发展仍然具有明显的区位优势，在全国的经济发展中占有重要的地位和作用，彰显了苏南现代化建设示范区的示范和引领作用。

在"质"上，苏南在经济结构调整中发展创新型经济。2003年，苏南三大产业的生产总值所占的比例分别为3.5%、58.27%和38.23%，到了2013年，三大产业所占的比例分别变为2.3%、50.3%和47.4%。[5] 第三产业比重的大幅攀升说明江苏在产业结构上正向服务业经济转型。与此同时，高新技术产业国际竞争力显著提升。依托资源集聚和核心技术突破，苏南培育发展了新一代电子信息及软件、新能源、新材料、节能环保、生物医药、物联网等一批战略性新兴产业，形成一批重要技术标准和自主品牌。2014年苏南地区高新技术产业产值达3.4万亿元，占规模以上工业比重达43.9%，高新技术产品出口占出口总额的43.8%。苏南5市均为国家创新型试点城市，2014年研发投

[1] http://su.people.com.cn/n/2015/0205/c154781-23800588.html.
[2] 同上。
[3] 同上。
[4] 科技部：《苏南国家自主创新示范区发展规划纲要》（2015—2020年），2015年，第5页（http://www.most.gov.cn/mostinfo/xinxifenlei/fgzc/gfxwj/gfxwj2015/201509/t2015091_121665.htm）。
[5] 数据由江苏省统计局统计年鉴计算所得。

入占 GDP 的比例达 2.7%[①]，接近发达国家和地区水平。创新将成为苏南科学发展的核心引擎。自主创新能力的增强，不仅是推动经济增长方式与转型升级的一大动力，还是生态环境改善、经济质态提升、实现经济与环境协调发展的关键途径。

二　经济发展与生态环境的关系

关于经济发展与生态环境之间的关系，环境科学中有一个"环境库兹涅茨曲线"的规律。"环境库兹涅茨曲线"是美国经济学家格鲁斯曼和克鲁格将经济学家库兹涅茨提出的"库兹涅茨曲线"应用到环境质量与经济增长关系中得出的规律。[②]"库兹涅茨曲线"是用来分析经济增长与收入分配之间的关系，即随着经济的增长，收入分配不均的程度呈现先加大后减小的倒"U"形。格鲁斯曼和克鲁格对 66 个国家的不同地区内 14 种空气污染和水污染物质 12 年的变动情况研究发现，大多数污染物质的变动趋势与人均国民收入水平的变化趋势呈倒 U 形关系，即污染程度随人均收入增长先增加，后下降。污染程度的峰值大约位于中等收入水平阶段，并据此在 1995 年提出了"环境库兹涅茨曲线"（EKC）的假说。[③] 从目前实证研究的普遍结果来看，"环境库兹涅茨曲线"的假说在西方国家是普遍适用的，西方发达国家走的是"先污染后治理，牺牲环境换取经济增长"的道路。研究同时表明，这个倒"U"形曲线的转折点或"拐点"的国际经验值大约在人均 GDP5000 美元到15000 美元之间[④]，按现行的汇率换算，约合人民币 31688 元到 95062 元。这意味着经济发展到中后期阶段，积累了足够的经济社会能量后，经济增长与环境质量的关系会出现转折，趋向经济与环境的协调发展。

苏南 2003 年人均 GDP 就突破了 35278 元，2012 年人均 GDP 超过

① 科技部：《苏南国家自主创新示范区发展规划纲要》（2015—2020 年），2015 年，第7 页（http://www.most.gov.cn/mostinfo/xinxifenlei/fgzc/gfxwj/gfxwj2015/201509/t2015091_ 121665.htm）。

② G. M. Grossman and A. B. Krueger, "Environmental Impact of A North American Free Trade Agreement", *NBER Working Paper*, No. 3941, 1991.

③ 张炳：《江苏苏南地区环境库兹涅茨曲线实证研究》，《经济地理》2008 年第 3 期。

④ 孙志军、洪银兴：《以科学发展观统领全面小康社会建设》，南京大学出版社 2006 年版，第 320 页。

10 万元①，2014 年五市人均 GDP 全部突破 10 万。从人均 GDP 的数字来看，苏南地区已经达到并超过了环境改善的拐点，那是否意味着苏南地区进入了经济与环境协调发展的阶段？我们利用"环境库兹涅茨曲线"对苏南地区 1995—2015 年近 20 年的经济与环境数据进行分析，以此来探究伴随经济的发展，苏南地区未来环境的发展趋势。

（一）指标的选择和数据来源

经济指标选择能较好反映经济发展水平的苏南五市的人均 GDP，环境指标则选择表现环境污染排放水平的一类环境指标：工业废水排放总量、工业废气排放总量、工业 SO_2 排放总量和工业固体废弃物产生量。数据来自《中国环境统计年鉴》《中国城市统计年鉴》《江苏省统计年鉴》和苏南五市的统计年鉴。

（二）模型构建

按照倒 U 形的 EKC 理论，常用的"环境库兹涅茨曲线"模型为三次函数：

$$y = a + \beta_x + \beta_2 x^2 + \beta_3 x^3 + \varepsilon$$

式中，y 为污染排放量，分别是工业废水排放总量、工业废气排放总量、工业 SO_2 排放总量、工业固体废弃物产生量，a 为常数项，x 为苏南的人均 GDP，β 为系数，ε 为误差。我们观察了苏南五市工业废水排放总量、工业废气排放总量、工业 SO_2 排放总量、工业固体废弃物产生量的散点图，发现倒"U"形的特征并不明显。所以本书并不直接采用三次函数曲线，而是对其进行全面的分析，应用 SPSS 22.0 软件，对线性、二次曲线、三次曲线、幂函数等多种函数曲线模型做曲线估计，根据拟合结果选取最优的曲线模型。

（三）结果分析

根据苏南地区 1995—2015 年近 20 年的数据分析，工业废水排放量与人均 GDP 的最佳 EKC 拟合曲线为二次函数曲线，拟合度为 0.683，$F = 18.334$，t 检验 $sig = 0.000$，显著性符合 95% 的置信要求。拟合曲线如图 5—1 所示，苏南的工业废水排放量随着人均 GDP 的增长，呈现出倒"U"形的关系，转折点大致出现在 2005 年，人均 GDP 5 万元左右，

①　江苏省统计局（http://www.jssb.gov.cn/tjxxgk/tjsj/tjnq/jstjnj2014/index_212.html）。

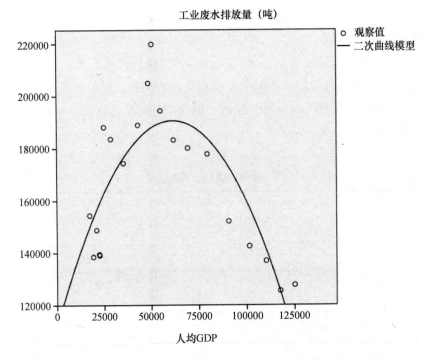

图5—1　人均 GDP 与工业废水排放量

说明苏南地区的工业废水排放量在 2005 年就超过了"环境库兹涅茨曲线"的拐点，下降趋势明显。苏南的工业废气排放总量与人均 GDP 的最佳 EKC 拟合曲线为三次函数曲线，拟合度达到 0.963，$F = 138.755$，t 检验 $sig = 0.000$，显著性符合 95% 的置信要求。拟合曲线如图 5—2 所示，工业废气的排放量与人均 GDP 之间没有呈现出典型的倒"U"形关系，而是呈逐渐递增的趋势，说明苏南地区的废气排放量并没有得到有效的遏制，未来的减排压力仍然很重。苏南的工业固体废物排放总量与人均 GDP 的最佳 EKC 拟合曲线为二次函数曲线，拟合度达到 0.977，$F = 360.622$，t 检验 $sig = 0.000$，显著性符合 95% 的置信要求。拟合曲线如图 5—3 所示，工业固体废物与人均 GDP 的关系呈现倒 U 形，只是现在苏南的工业固体废物排放尚处于左侧，但是明显要到达拐点，说明工业固体废物对环境的污染已经显著减少，而且根据《江苏省统计年鉴》2014 年公布的数据，苏南各市对一般工业固体废物的综合利用率在 90% 以上，固体废物的环境影响已经基本不存在。另外，从图 5—4 可以看出，苏南地区的工业 SO_2 排放总量随着人均 GDP 的增长先增加后下降，但是拟合最好的曲线 R^2 仅为 0.459，拟合效果较差，说明工业 SO_2 排放总量与人均 GDP 的增长并没有显著的关系，但是随着技术的进步，我们相信在未来的一段时间内，工业 SO_2 排放总量会进一步降低，环境污染会进一步得到改善。

表 5—1　　　　　　　　　　　回归模型分析结果

方程式	模型摘要					参数评估			
	R_2	F	df_1	df_2	显著性	常数	b_1	b_2	b_3
工业废水	.683	18.334	2	17	.000	112332.283	2.551	$-2.078E-5$	
工业废气	.963	138.755	3	16	.000	3697.927	.003	$5.645E-6$	$-2.885E-11$
工业废物	.977	360.622	2	17	.000	-900.915	.127	$-5.449E-7$	

　　依据模型所显示的结果，苏南地区工业废水和工业固体废物的排放量已经处于下降趋势，工业废水排放量在 2005 年就已经达到拐点，工业废物的排放量也即将达到拐点，工业废气的排放量虽然处于增长阶段，但是增长的速度逐渐变缓，意味着苏南地区的环境随着经济的发展是逐步改善的。仅从 1995—2015 年的数据来看，苏南的环境污染物排放量和人均 GDP 之间大致呈现为倒 "U" 形的关系。这与苏南地区对环境污染的大力治理是分不开的。苏南的环境门槛远高于苏北和全国其他地区。近年来，苏南各市对污染的治理力度很大。例如，苏州 2013 年环保投入 537 亿元，比 2012 年增长 8.7%，占地区生产总值的 3.9%。生态文明建设 "十大工程" 扎实推进，79 个重点项目完成投资 238 亿元。完成大气污染防治重点项目 254 项，淘汰燃煤锅炉 438 台，淘汰、关停落后企业 1255 家。开展万家企业节能低碳行动，新增三星级以上 "能效之星" 企业 53 家，累计达 363 家。单位地区生产总值能

耗、主要污染物排放总量削减，完成省下达的任务。^① 南京市 2013 年完成 20 家中小工业企业的搬迁关停，完成 131 家"三高两低"企业的整治。^②

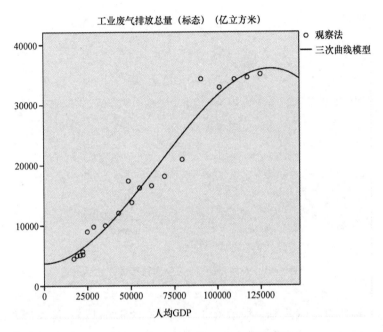

图 5—2　人均 GDP 与工业废气排放量

　　根据"环境库兹涅茨曲线"理论，经济增长自身带有影响环境的效应，即规模效应、技术效应和结构效应。规模效应是指通过不断投入资源和能源，扩大经济规模的方式带来经济效益的提高。如果经济结构和技术水平不变，规模的扩大会造成资源的消耗和环境的污染。结构效应是指产业结构的变化对环境会造成影响，在经济发展的早期，产业结构从农业向能源密集型重工业转变，污染排放严重，随着产业结构从高污染的产业向低污染的知识密集型产业和服务业的转变，致使排污量减

---

　　① 2014 年苏州市国民经济和社会发展统计公报（http://www.tjcn.org/tjgb/201504/28176.html）。

　　② 2014 年南京市国民经济和社会发展统计公报（http://www.njec.gov.cn/zwgk/tjxx/201504/t20150410_3262817.shtml）。

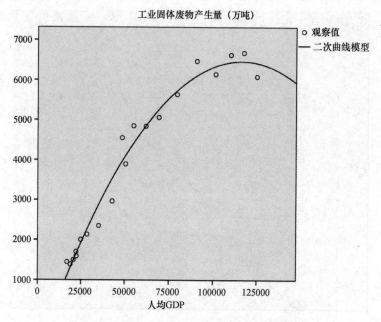

工业固体废物产生量（万吨）

图5—3　人均GDP与工业固体废物产生量

少，环境质量得到改善。技术效应是指随着技术的进步，提高资源的使用效率以及清洁技术和循环经济的发展，能有效减少资源的消耗和污染物的排放，环境质量会改善。从这个意义上说，苏南地区自20世纪80年代起，污染物排放量不断增长，处于倒"U"形的左端，正是规模效应所带来的。传统的"苏南模式"是一条粗放型的发展道路，在工业不断创造巨大物质财富的同时，大量高能耗、高物耗、高污染、低附加值的资源型和劳动密集型加工制造业，给生态环境和土地资源造成了严重的破坏。苏南与西方国家一样，走的是典型的"环境透支型"经济增长方式。随着经济的发展，环境污染物的排放能够大致呈现倒"U"形的趋势，是因为苏南以环境换取增长后，率先遭遇了资源和环境制约的瓶颈。为了获得持续的发展，一方面进行产业升级和结构转型，由传统的工业经济向服务业经济转型，由投资拉动向创新驱动转型，实现粗放增长向精细增长的转型升级。另一方面，加大科技和人才的投入，提高工业生产技术和污染治理能力，着力推进循环发展、清洁生产和低碳

二氧化硫排放量（吨）

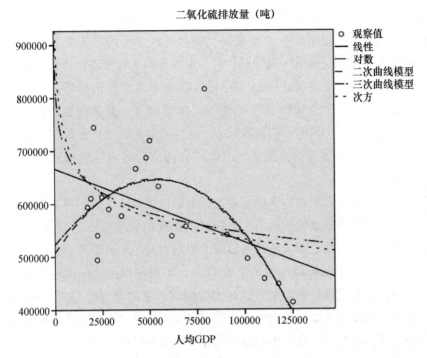

图5—4　人均GDP与二氧化硫排放量

发展，形成节约资源和保护环境的空间格局与生产方式。在结构效应和技术效应作用的逐渐发挥中，苏南地区的工业废水、工业固体废物的排放量开始逐渐递减，工业废气排放量的增速也逐渐变缓。我们相信，随着规模效应的递减，技术和结构效应的递增，苏南地区未来的环境必定会随着经济的增长而得到改善，最终走上经济与环境协调发展之路。

三　生态转型的实践路径

苏南率先发展，经济社会发展水平较高，但也率先遇到了"成长的烦恼"。国际经验表明，任何一个国家从中等收入向高收入迈进的阶段都会面临"中等收入陷阱"的风险挑战。按照世界银行在2012年制定的标准，人均GDP达到12616美元为高收入国家或地区。[①]按照这个标

①　江苏省人民政府研究室：《适应新常态　增创新优势：2014年江苏省政府决策咨询研究重点课题成果汇编》，2015年，第7页。

准，苏南地区已经踏上高收入地区的门槛，但资源要素的"瓶颈"制约、发展质量效益不高的"天花板"效应，成为苏南经济发展必须攻克的难点。尤其是环境污染问题，更是成为苏南实现经济、社会、环境可持续发展的主要障碍。根据"环境库兹涅茨曲线"的分析，经济发展与环境之间从"互相伤害"到协调发展的拐点，并非自动到来。有学者甚至指出，"环境库兹涅茨曲线"用"污染物的年排放量"来表达"环境损失"，其实是偷换概念，因此"先污染后治理"的模式本身是不成立的。①

事实上，费孝通在以乡镇企业为代表的传统苏南模式发展之初就指出，在重视经济发展的同时不能忽视日益显现的环境污染。"厂区和居民区不分、废弃物处理设施缺乏以及大中城市向中小城镇及农村的污染转移"②，成为造成环境污染的主要原因。21 世纪以来，苏南地区在紧抓机遇、率先推动经济发展方式转型的同时，更加着力生态文明建设，促使生态环境的逐渐改善。生态化转型成为苏南地区实现经济发展方式转型、新苏南模式焕发生机的根本所在。从实践层面来看，苏南地区的生态化转型主要从两个方面着手。

（一）进一步发挥结构效应：从传统工业园区到新工业园区

传统的工业园区仅仅实现不同企业在空间上的集聚，园区内的产业和企业在消耗资源和能源的过程中获得发展。新工业园区则要求园区内的企业能够形成产业链上的合作互补，同时降低各种污染、能耗，构建循环经济模式，从而实现结构效应。苏南地区的生态转型，有赖于传统的工业园区向新兴工业园区实现转型升级。在打造新工业园区时，苏南地区的一系列实践具有典范和推广意义。

一是借鉴西方发达国家"腾笼换鸟"的方式，将园区内一些传统的、劳动密集型的、高污染高能耗的企业整体转移出去，进行产业结构的调整。转移一部分企业后，再引进园区的企业能够与原园区企业实现同一产业链的升级与整合，从而提高技术含量，增加产品附加值。在

---

① 钟晓青：《偷换概念的环境库兹涅佐曲线及其"先污染后治理"的误区》，《鄱阳湖学刊》2016 年第 2 期。

② 费孝通：《及早重视小城镇的环境污染问题》，《水土保持通报》1984 年第 2 期。

"腾笼换鸟"的过程中，苏南地方政府提供了巨大的经济支持。在对这些"走出去"企业所占用的土地进行回收时，政府是按现时市场价采用一项一议的方式回购的，且回购价远高于企业入驻时的价格。由此，苏南"腾"走了低水平重复的项目和企业，还需要"换"来新的占用资源少、创新能力强、附加值高的高端高质高效项目和产业，使新工业园区的建设达到了事半功倍的效果。目前，苏南各市都在努力淘汰处于低端、附加值低、产业链短、效益差、资源耗费大的企业，促进低端产业向高端产业发展。

二是积极创建国家生态示范工业园区，促进资源的进一步整合与完善。苏南工业园区生态转型中已有 10 多家工业园区被评为国家生态示范工业园区①，比例达到 30.7%。例如，苏州高新区近年来与多家高校与研究机构展开紧密合作，先后承担并完成了多项国家、省和市循环经济、环保科技项目，实施科技成果转化五大资源综合利用示范工程，有效推进了园区科技生态技术的引进与发展。②

（二）不断放大技术效应：从低端向高端的转型

如果说新工业园区的实践代表着苏南在生态转型上产业结构的转变，那么技术效应的发挥是苏南实现生态转型更为根本的转变。在传统的苏南模式中，多为一些低端、附加值低、产业链短、效益差的企业，高科技企业较少，所以一方面产业附加值不高，资源耗费大，另一方面污染严重，治理技术差，而在经济新常态形势下，政府在努力推动工业园区重点发挥科学技术的作用，由原来低端的技术向高端转型，从而实现技术效应。

一是进行绿色招商，重点引进高新技术企业和产业链。在经济发展的初期，地方政府在招商引资方面关注的是能否实现引资，从而忽视了"资"的质量以及与园区企业的协同性。而在如今的苏南，地方政府对工业园区的招商已经从原来的"招商引资"向"招商选资""招商引智"转变，突出重点龙头项目与关联配套项目以及高新技术研发及产业

---

① 中华人民共和国环境保护部（http://kjs. mep. gov. cn/stgysfyq/m/201302/t20130222_248379. htm）。

② 《中国生态工业园区建设模式与创新》编委会：《中国生态工业园区建设模式与创新》，中国环境出版社 2014 年版，第 170 页。

链的引进。不仅如此，循环经济的发展也带动了"绿色招商"和"节点招商"。"绿色招商"和"节点招商"是指在现有产业结构与工业园区定位的基础上，按照循环经济的理念，对投资项目进行筛选。筛选不能只停留在技术的先进性和环保的优越性上，而是在此技术上还要考察项目在现有产业链中是否处于"节点"位置，将已有产业链接起来，构建独特的生态工业系统。同样，这样的项目往往还有产业集聚效应，引导国际国内产业资本构成和流向。[①] 此外，有些工业园区，例如苏州工业园区在招商工作中设置了一条生态"红线"，对能源资源消耗高、污染物排放量大、环境风险高的项目实施"一票否决"。

二是积极进行清洁生产，发展循环经济。发展循环经济是在发展中解决环境问题，实现工业园区生态转型的治本之策，是实现经济效益、社会效益和环境效益相统一的根本途径。经过数年的发展，循环经济已经成为苏南经济的主导模式，物质流、能量流逐步走向健康循环。目前，苏南工业园区循环经济建设和清洁生产均属于全国前列。以苏州工业园区为例，该区坚持以企业为主体，加大循环经济和节能降耗工作推进力度，积极引导企业开展清洁生产、中水回用、节能降耗、可再生能源利用等循环经济试点，开展企业能源审计、清洁生产审核以及智能电网的建设，年节能 10.46 万吨标准煤。园区加快完善产业生态链条，形成集成电路、光电、汽车及航空零部件等高新技术产业集群，及"污水厂—污泥干化厂—热电厂—集中供热制冷中心"四位一体的循环型基础设施生态链。园区共建成包括三星半导体在内的 100 余家循环经济示范企业、160 余家市级绿色等级企业、20 家环境友好企业。[②]

三是大力发展科技，引进高技术人才。技术、人才和基础设施是工业园区自身"造血能力"的关键，科技、人才是园区的核心资源和竞争力。因此，为实现产业转型升级，苏南各市均投入了大量的资金发展科技和人才。例如，南京高新技术产业开发区设立人才开发专项资金，主要用于园区高层次人才引进培养以及"三创"载体建设，同时加强

---

① 孙志军、洪银兴：《以科学发展观统领全面小康社会建设》，南京大学出版社 2006 年版，第 339 页。

② 《中国生态工业园区建设模式与创新》编委会：《中国生态工业园区建设模式与创新》，中国环境出版社 2014 年版，第 222 页。

对人才促进企业创新成果转化项目的扶持，近三年来园区对创新型企业具有自主知识产权的科技成果转化累计投入 1.5 亿元。苏州工业园也实施"人才强区"战略，不断加大科技创新投入，建成国家电子信息产业基地等 10 余个国家级创新基地和 20 余个公共技术服务平台，并设立国内规模最大的股权投资和创业投资母基金，被评为国家级"海外高层次人才创新创业基地"①。工业园区重点项目的落实需要有高新技术、人才和优良基础设施的配置，这些都需要强有力的经济实力的支持。而且，绿色产品的生产成本较高。消费是整个社会经济顺利运行不可缺少的环节，作为生态工业园区也不例外。生态工业在绿色产品的生产过程中，无法像非绿色产品一样以成本最小化原则进行资源配置，而是要考虑资源环境问题，导致绿色产品一般高于非绿色产品。所以，绿色产业的发展对居民的绿色产品消费能力有一定的要求。苏南作为全国经济最为发达的地区，不仅经济总量大，人均可支配收入也处在全国领先位置，居民的消费水平相对比较高。这说明了苏南工业园区有强劲经济实力的支撑，能够率先实现生态转型。

第二节　苏南的政策倾斜

苏南地区作为生态文明先行区，绝不是偶然的，是经济发展方式转变和污染治理的必然结果，但也少不了国家和江苏省政府的政策支持和倾斜。苏南作为国家现代化建设的示范区，肩负着率先基本实现现代化的重任，在全国现代化建设中具有重要地位。2013 年全国两会上，习近平总书记提出："希望江苏在'率先''带头''先行'内涵中将生态文明作为一个标杆。"而苏南是江苏省发展的先行区，自然要率先建成生态文明示范区。在国家与省政府的推动下，苏南工业园区推动率先实现生态转型，走上经济与环境协调发展的和谐之路。

---

① 《中国生态工业园区建设模式与创新》编委会：《中国生态工业园区建设模式与创新》，中国环境出版社 2014 年版，第 169 页。

一 国家的政策倾斜

（一）苏南现代化建设示范区[①]

2013 年苏南被确定为国家现代化建设示范区，这是中国第一个现代化示范区。4 月 28 日，经国务院同意，国家发展改革委正式印发《苏南现代化建设示范区规划》。规划明确，围绕到 2020 年建成全国现代化建设示范区，到 2030 年全面实现区域现代化、经济发展和社会事业达到主要发达国家水平的目标，重点推进经济现代化、城乡现代化、社会现代化和生态文明、政治文明建设，促进人的全面发展，将苏南地区建成自主创新先导区、现代产业集聚区、城乡发展一体化先行区、开放合作引领区、富裕文明宜居区。《苏南现代化建设示范区规划》对工业园区的生态转型提出了明确要求。

产业结构方面。要打造现代服务业高地，并使现代服务业集聚区与开发园区配套建设，推动服务业规模化、高端化、专业化发展。加快发展战略性新兴产业，积极推进高技术产业与传统优势产业融合发展，推动由一般制造为主向高端制造为主、产品竞争向品牌竞争转变，实现"苏南制造"向"苏南创造"跨越，建设全国重要的战略性新兴产业策源地，打造有国际影响力的先进制造业中心。在南京重点发展智能电网、生物医药、信息通信、新型显示、高端装备制造产业，在无锡重点发展光伏和风电、半导体、节能环保产业，在常州重点发展智能制造装备、新材料、光伏、新能源汽车产业，在苏州重点发展新材料、新型显示、生物医学工程、新能源汽车产业，在镇江重点发展高性能复合材料、高端装备制造、航空航天、新能源产业。加快无锡国家传感网创新示范区和国家云计算创新服务城市、苏州国家纳米高新技术产业基地、镇江特种纤维高技术产业基地、常州绿色建筑产业集聚示范区建设，推进无锡国家太阳能光伏高新技术产业化基地转型升级，在镇江建设军民融合产业示范区。积极运用先进装备、先进适用技术及工艺，推进传统优势产业向高端、绿色、低碳方向发展。推动装备制造、电子信息、石油化工、纺织轻工、冶金建材等产业转型升级，培育形成一批产值达千

① 此部分内容来自《苏南国家现代化示范区发展规划纲要》（2015—2020 年）。

亿元级品牌企业和百亿元级品牌产品。推动区域中心城市周边冶金、石化等重化工业向有环境容量的沿海地区转移，研究推动金陵石化炼油产能向连云港搬迁。鼓励加工贸易型、劳动密集型企业向区外转移，建设无锡惠山工业转型集聚区，支持苏南与苏北及中西部地区共建产业园区。

　　产业集聚集约方面。推动特殊功能区转型升级。加强国家级经济技术开发区、高新技术产业开发区和海关特殊监管区域建设，提高产业集聚集约程度和创新发展能力。推动有条件的省级开发区升级为国家级开发区。支持国家级开发区和省级开发区创建特色产业园区、创新型园区、生态工业园区、知识产权示范园区，支持创建新型工业化产业示范基地。总结推广苏州工业园区建设经验，积极引导城市完善开发区周边的市政配套、商务服务、居住生活功能。在苏州工业园区开展开放创新综合改革试验。加强分类指导，稳步推进海关特殊监管区域整合优化，在不突破原规划面积的前提下，鼓励符合条件的出口加工区、保税物流园区整合为综合保税区。加快产业集约发展。按照减量化、再利用、资源化的原则推进产业发展，节约集约利用资源，提高单位产出效率。大力发展资源再生利用产业，实现再生资源规模利用和循环利用。实施园区循环化改造工程，在有条件的城市建设国家"城市矿产"示范基地，支持镇江经济技术开发区创建循环经济示范园区、南京化学工业园创建生态工业示范园区。积极推行清洁生产，重点在冶金、化工、纺织等行业推广应用清洁生产技术、工艺和设备。加强土地需求调控，推进建设用地"二次开发"，盘活存量土地资源，探索用地机制创新和土地集约利用新方式，提高单位土地投资强度标准和项目建设用地控制标准，提升单位土地投入产出水平。

　　自主创新方面。加快科技成果产业化。强化企业技术创新主体地位，加强科技成果转化平台建设，创新科技成果转化机制，建设全国重要的科技成果产业化基地。强化企业创新投入，促进科技资源向企业集聚，对企业自主拥有、购买、引进的专利技术加大产业化力度。大力开展核心关键技术攻关，围绕战略性新兴产业和优势产业领域，重点突破电子信息芯片、高性能战略材料、重大装备成套及自动化、生物系统合成、高端平板显示、能源转化与储备、废弃物无害化与循环处置等关键技术。依托镇江通用航空基地，建设航空产业产学研联合创新平台。依托常州科教城，建设产学研协同创新基地。依托无锡山水科教城，建设海外引进人才科研成果转化基地。依托南京江宁经济技术开发区，建设中国（南京）无线谷。支持常州溧阳、无锡联合北京中关村共建科技园区。加强科技成果转化服务体系建设，建立集研发、集成应用、成果产业化、产品商业化于一体的创新产业链。健全促进产学研合作风险共担和利益共享机制，建设苏州国家"千人计划"创投中心。鼓励骨干企业与高等院校和科研院所组建产业技术创新战略联盟或新兴产业创新合作组织，培育一批高成长性、科技型的中小企业。积极推进大学科技园建设，促进高校科技成果转化。到 2020 年，研究与实验发展经费支出占地区生产总值比重超过 3%。打造创新型人才管理改革试验区。

绿色低碳发展方面。全面推进节能减排。控制能源消费总量，优化能源消费结构，提高非化石能源比重，加强合同能源管理，统筹推进工业、建筑、交通、商业、民用领域节能。加快实施燃煤锅炉（窑炉）改造、余热余压利用、电机系统节能改造工程，提高能源利用效率。加强结构减排，制定严于国家要求的产业结构调整指导目录，严格控制高耗能、高排放行业新增产能。淘汰落后的纯凝燃煤火电机组和热电联产机组，建立落后产能常态化淘汰机制，提高环境准入门槛。加强工程减排，加快污水和垃圾处理等环境保护设施建设，全面实施燃煤企业脱硫脱硝工程，加大化工、印染、造纸、火电、冶金、建材等重点行业污染治理力度。加强管理减排，实行煤炭消费和重点行业污染物排放总量控制，在太湖流域强化总氮、总磷污染减排。到 2020 年，单位地区生产总值能源消耗降至 0.45 吨标准煤以下。加快低碳技术研发应用。围绕清洁能源应用、节能降耗、节水节材、资源再利用、废弃物资源化等重点领域推进关键技术攻关，编制低碳技术推广目录，实施低碳技术产业化示范项目，建设一批低碳城市、低碳园区、低碳企业、低碳社区。积极发展碳资产、碳基金等新兴业务，实施清洁发展机制项目，在苏南研究开展碳排放权交易试点。制订温室气体排放权分配方案，实行新能源消费配额制度。建立低碳绿色产品认证制度，建设绿色建筑及材料生产应用示范基地。

在现代化示范区建设过程中，苏南工业园区通过产业结构的调整、产业的集聚发展、自主创新能力的提升以及绿色低碳发展，能有效提升工业园区的生产方式，做到"高增长、低污染"，实现经济与环境的协调和可持续发展。

（二）苏南自主创新示范区①

2014年10月20日，国务院正式批复支持南京、苏州、无锡、常州、昆山、江阴、武进、镇江等8个高新技术产业开发区和苏州工业园区建设苏南国家自主创新示范区。苏南成为继北京中关村、武汉东湖、上海张江、深圳之后第五个国家自主创新示范区。这是中国第一个以城市群为基本单元的国家自主创新示范区。《苏南国家自主创新示范区发展规划纲要（2015—2020年）》中明确指出了要高水平建设创新型园区，牢牢把握创新驱动发展的鲜明导向，进一步明确发展定位，着力提升高新区创新发展水平，增强自主创新能力，加快经济发展方式转变，争创一批世界一流高科技园区，做强一批创新型科技园区和创新型特色园区，促进高新区转型发展、创新发展，打造产业科技创新中心和新兴产业策源地。加强产城融合发展，统筹优化园区功能布局，推动产业空间和社会空间的协调发展，合理超前配置基础设施，打造区域产业基地和现代化新城区。促进可持续发展，大力推进高新区能源、资源和土地的节约、集约和循环利用，切实注重环境保护，促进经济社会实现生态发展和绿色发展。完善高新区考核评价制度和指标体系，重点突出集聚创新要素、增加科技投入、提升创新能力、孵化中小企业、培育发展战略性新兴产业、保护生态环境等内容，引导高新区更大力度地推进创新和提质增效。

加快创新核心区建设。围绕特色战略产业培育和发展，着力集聚创新资源与要素，建设重大创新平台，加快研发和转化先进科技成果，规划建设集知识创造、技术创新和新兴产业培育为一体的创新核心区，着力建设江宁高新园、苏州工业园区科教创新区、苏州科技城、无锡太湖国际科技园、宜兴环科园、常州科教城、昆山阳澄湖科技园、江阴滨江科技城、镇江知识城等，努力使之成为苏南国家自主创新示范区的创新核心区。增强高新区原始创新能力，建设一批处于世界前沿水平的研发

---

① 此部分内容来自《苏南国家自主创新示范区发展规划纲要》（2015—2020年）。

基地，培育一批新的产业业态，使高新区成为自主创新的战略高地、培育发展战略性新兴产业的核心载体、转变经济发展方式和调整经济结构的重要引擎、抢占世界高新技术产业制高点的前沿阵地。

创新驱动，对于苏南来讲，是推动经济发展方式转变与转型升级的一大动力与途径。在自主创新示范区建设的推动下，苏南工业园区重视能源、资源和土地的节约、集约和循环利用，切实注重环境保护，促进经济社会实现生态发展和绿色发展，必定能率先实现生态化转型。

二 江苏省的政策倾斜

（一）江苏省率先制定生态文明建设政策

江苏省对环境保护的重要战略地位和实践方法认识比较清楚，将环境保护放到落实科学发展观、转变经济增长方式、提升地方发展档次、率先实现现代化的大局中来考虑，制定了一系列的政策。2002 年，江苏省提出制定"绿色江苏"战略。江苏省委十届五次全会提出，"树立循环经济的发展理念，推行清洁生产，努力建设一个青山常在、碧水长流、清新怡人的'绿色江苏'"。江苏省委、省政府《关于加强生态环境保护和建设的意见》明确指出，积极推进、坚定不移走循环经济发展之路，并确立了循环经济建设的目标、任务和措施。之后，《关于落实科学发展观　促进可持续发展的意见》《关于加强生态环境保护和建设的意见》等一些政策，明确提出把发展循环经济作为建设节约型社会和生态省的战略举措与重要途径。

2003 年省委、省政府制定了相关战略与配套规划和政策措施，举办循环经济报告会和现场会，启动国家环保产业园建设以及开展循环经济试点动作。苏州国家高新技术产业开发区、江苏扬子江国际冶金工业园、无锡国家高新技术产业开发区、常州东南经济开发区、南京化学工业园、南通市资源再生利用试点城市等 6 个重点园区（城市）开展首批试点工作，积极探索按循环经济模式规划、建设、改造工业园以及城市发展的途径。2004 年，省政府组织企业开展清洁生产审核和示范试点，编制《江苏省循环经济发展规划》，2005 年，省政府颁布《江苏省循环经济发展规划》和《江苏省 2005 年发展循环经济的工作意见》。2006 年江苏省委、省政府出台了《坚持环保优先、促进科学发展的意见》，把环境保护作为经济社会发展的有力支撑，作为优化经济发展、转变经济增长方式、增强区域竞争力的重要手段，贯彻于经济社会发展的全过程，落实到各项工作的每一个环节。2008 年 7 月，江苏出台了《关于加快转变经济发展方式的决定》等 7 个文件，强化转型升级的工作导向、政策导向、利益导向，提出以调高调优调轻产业结构为根本要求，以增强自主创新能力为核心环节，以加强节能减排为重要突破口，以创新体制机制为有力保障，着力推动增长动力从投资驱动为主向创新驱动为主转变，要素支撑从物质资源为主向人力资源为主转变，产业结构从一般加工为主向先进制造业和现代服务业为主转变，加快经济大省向经济强省的跨越。2009 年，又制订了产业升级"三大计划"——新兴产业倍增计划、服务业提速计划、传统产业升级计划，加快形成新兴产业的先发优势、现代服务业的配套优势和传统产业的品牌优势。2011年，江苏省委、省政府出台了《关于推进生态文明建设工程的行动计划》。2013 年，江苏省委、省政府印发《关于深入推进生态文明建设工程 率先建成全国生态文明建设示范区的意见》，明确提出要全面开展园区生态化改造。坚持因地制宜、分类指导、突出特色，重点对国家级和省级开发园区实施生态化改造，加大资源整合力度，提高资源利用效率和产出率，成为科技创新先导区、生态经济集聚区、集约发展示范区。构筑循环链接的产业体系，促进产业间耦合、上下游配套，促进产业废弃物综合利用和再制造产业化。积极推行绿色制造和清洁生产，加强重点行业的清洁生产审核，对超标或超总量排污企业、使用和排放有毒物质企业全面实施强制性清洁生产审核。配套完善园区污水处理、废气治理、危险废物处置以及环境监控等基础设施，推进企业间废物交换利用、能量梯级利用、废水循环利用，推动产业集聚发展、土地集约利用、环境集中治理。到 2015 年，70% 以上的国家级开发区和 50% 以上的省级开发区实现循环化改造，到 2022 年，所有省级以上开发区建成生态工业园区。

制定江苏省化工园区环境保护体系建设标准（暂行）。全省 58 个化工园区中有 55 个实施园区污水集中处理，污水处理厂日处理能力达159 万吨，铺设配套管道网总长度达到 1947 千米；45 个园区建成集中供热设施并投运；16 个园区建成危险废物处置设施并投运。11 个园区建成空气自动检测预警网络，55 个园区完成企业应急预案编制，19 个园区基本完成环境保护距离范围内敏感目标搬迁。

（二）江苏省贯彻《苏南现代化建设示范区规划》的实施意见①

江苏省委、省政府在贯彻落实《苏南现代化建设示范区规划》的实施意见中，明确提出促进绿色增长、低碳发展。全面提高节能降耗水平，统筹推进工业、建筑、交通、商业、民用领域节能，有效控制煤炭消费总量，重点实施年综合能耗万吨标准煤以上企业节能低碳改造，推行合同能源管理。到 2020 年，单位地区生产总值能源消耗下降至 0.45 吨标准煤以下，60% 的城镇新建建筑达到二星及以上绿色建筑标准。实施清洁生产示范工程，滚动推进重点行业清洁生产审核，大力发展循环经济，实施园区循环化改造工程，80% 以上的国家级开发区和 60% 以上的省级开发区完成循环化改造。加强污染物减排，制定严于国家要求的产业结构调整指导目录，严格控制高排放行业新增产能，淘汰单机容量 20 万千瓦以下纯凝燃煤火电机组，对化工、印染、火电、冶金等行业企业实施提标改造工程，全面完成主要污染物总量减排任务。实施低碳技术产业化示范项目，建立低碳绿色产品认证制度，推进清洁发展机制项目，发展碳资产、碳基金等新兴业务，研究提出温室气体排放权分配方案，探索建立碳排放权交易市场，推进镇江碳核算管理平台等载体建设。

自主创新方面。争取创建苏南自主创新示范区，及时研究制定省级支持苏南自主创新示范区创建的配套政策措施。对列入《苏南现代化建设示范区规划》的新建生态科技产业园区，苏南五市各选一个，省财政予以重点支持，2013—2015 年每年给予 1500 万元奖励，并给予地方债债券一定发行额度。

产业转型升级方面。积极争取将技术先进型服务企业税收政策试点扩大到苏南地区，争取扩大研发费用加计扣除范围，制定出台战略性新兴产业产品的应用和终端消费予以补贴的财政政策。将符合转型升级要求的重点产业项目，优先列入省国民经济和社会发展总体规划、专项规

---

① 此部分内容来自中共江苏省委、省人民政府关于贯彻落实《苏南现代化建设示范区规划》的实施意见（苏发〔2013〕6 号）。

划及重大项目计划。进一步发挥好省新兴产业创业投资引导基金、省级战略性新兴产业发展专项资金、省科技成果转化专项资金、省产学研联合创新资金、省科技基础设施建设计划、省高层次创新创业人才引进计划、企业博士集聚计划等对苏南转型升级的支持作用。抓紧研究省级支持昆山深化两岸产业合作试验区建设的配套政策措施。

土地利用方面。对列入国家和省规划的基础设施建设、产业发展项目和园区用地需求，优先安排建设用地计划指标。对苏南的省级现代服务业、战略性新兴产业、转型升级和自主创新重大项目用地给予重点支持，对达到国内外领先水平的科技创新与重大成果产业化项目用地可采用点供方式给予支持。对节约集约用地和高标准厂房建设先进县（市、区），给予用地指标奖励。简化土地整治规划实施项目报批手续，加大城乡建设用地增减挂钩指标支持力度。支持南京开展转变土地利用方式试点，支持有条件的地区开展土地管理改革创新试点。

环境保护方面。设立产业绿色发展与转型基金、生态补偿专项资金，建立森林生态效益补偿基金制度，制定清洁能源使用的财政补贴政策，实施绿色信贷政策，制定企业碳汇抵扣碳排放指标政策。

（三）江苏省苏南苏北产业转移政策

为了促进苏南的产业结构升级，江苏省政府从 2003 年起就积极推动苏南地区的劳动密集型产业向苏北转移。2006 年出台了《江苏省政府关于支持南北挂钩共建苏北开发区政策措施的通知》（苏政发〔2006〕119 号），2010 年颁发了《关于进一步加强共建园区建设政策措施》，明确南北挂钩共建苏北开发区，由苏北地区在省级以上开发区划出一定面积土地作为区中园，由苏南地区的开发区负责规划、投资开发、招商引资和经营管理等工作，兼顾苏北地区和苏南地区合作双方的利益，对重大产业转移项目形成的税收和规费地方分成部分，由合作双方按商定比例分成，实现南北"双赢"。省政府要求各市发布产业发展导向目录，明确各市鼓励发展的产业方向、限制和淘汰产业，从城市发展和产业提升要求出发，提出了企业搬迁规划。例如，苏南的江阴市和苏中的靖江市合作开发的"江阴—靖江工业园区"，靖江出土地，江阴出资金，开发、投资、管理以江阴为主，共建土地的收益按照双方的股本构成分配，税收分成上则各占一半；江阴市将特色冶金、钢结构、造船等产业转移入靖江市，腾出空间着力发展服务外包产业、光电子通信、现代农业等五大新兴产业。苏南地区迁出劳动力密集、能耗大、占地多的企业发展高附加值产业项目方面，特别重视与上海市共建异地产业园区。如昆山浦东软件园，由上海浦东软件园与昆山市政府合作共建，全力打造国内一流的区域性软件及信息服务产业新高地；预计园区建成后将集聚 2 万名以上的软件研发与服务专业人员，年总营业收入超过 60 亿元，年税收超过 3 亿元。目前江苏经济已由以前的苏北冷、苏南热转到目前的苏南、苏中、苏北都热，产业转移也由以前的被动转移向主动转移转变。2012 年上半年，江苏省苏南地区工业完成投资 2562 亿元，同比增长 16%；苏中地区工业完成投资 1273 亿元，同比增长 18.8%；苏北地区工业完成投资 1323.5 亿元，同比增长 27.3%。通过产业的转移，苏南的劳动密集型产业向苏北转移，从而给苏南"腾笼换鸟"的机会，升级提升苏南的产业结构，推动苏南工业园区的生态转型。

第三节 苏南的文化基础①

俗话说，"人有精神老病少，地有精神土生金"。一个地方的"魂"是这个区域发展的关键，在"魂"的牵引下，才能在正确的道路上越走越远，越走越顺。苏南地区无论是经济还是社会发展，一直走在中国的前列，不能忽略吴文化这个"魂"的作用。经过 3000 多年漫长的积淀和扬弃，吴文化成为一个深厚而繁复的文化系统，蕴藉深厚，内涵丰富，成为支撑和推动苏南地区经济社会发展的内在根因。在当前生态危机的严峻形势下，苏南工业园区率先启动绿色"引擎"，朝生态化转型升级，无疑与吴文化有着密切的关系。一方面，吴文化是一种尊崇自然的生态文化。天然的湖光山色，和谐的水乡环境，无不透露出吴地人热爱自然与师法天地的本性，这种本性孕育出吴地尊重自然、顺应自然、

---

① 本节内容前期成果参见孙秋芬、任克强《吴文化在苏南工业园区生态化转型中的功能分析》，《中国名城》2017 年第 6 期，收入本书时做了修订。

保护自然的生态文化。文化在人类与其生态环境之间具有极其重要的作用，文化的生态化取向必然会折射到人类的经济和社会生活领域。苏南工业园区进行生态化转型，正是吴文化中尊崇自然、追求和谐的生态观念在经济领域上的反映。另一方面，吴文化是一种通达善变的智者文化。这种顺应潮流、灵活处世的智慧，使得吴地人处世善于发挥所长，行动善于把握时机，在社会风云际会、时代突变时跻身于时代大潮流的前列。在当今社会生态危机十分严峻的形势下，苏南工业园区率先进行生态化转型绝非偶然，而是苏南人再次抓住机遇，顺应时势，主动寻求新的发展，以求创造出新的辉煌。

一　尊崇自然的生态文化

斯图尔德认为："文化在人类与其生态环境之间具有极其重要的作用：人类通过积累知识、经验，发明各种技术，创建各种组织、制度等构成文化，进而凭借文化认识环境、利用环境，并在文化的指导下获取、利用环境所能提供的各种资源以维持生存和发展，而环境对文化的形成、发展同时发挥着限制的作用。"[1] 可见，文化与生态之间是相生相成的关系，特定的文化对生态会产生一定的影响，同样不同的生态环境也会产生不同的文化，由此分别产生了"生态文化"和"文化生态"两门学科。"生态文化"是指人类在实践活动中保护生态环境、追求生态平衡的一切活动和成果，也包括人们在与自然交往过程中形成的价值观念、思维方式等。[2] 也就是说，生态文化是人类在社会生活中不断积淀和沿袭传承下来的认识自然、利用自然和保护自然，以致能和自然和谐相处的知识和经验。从本质上看，生态文化的发展对支撑和引领生态文明建设具有重要的意义。事实上，素有"水乡泽国"之称的吴文化就蕴含着丰富的生态思想，是苏南地区生态文明建设强有力的文化基础。无论是因地制宜的农耕文化、道法自然的园林文化，还是民俗、宗教信仰中的生态理念，无不透露出吴文化的生态智慧，可以说，吴文化

---

[1]　夏建中：《文化人类学理论流派——文化研究的历史》，中国人民大学出版社1997年版，第229页。

[2]　余谋昌：《生态文化论》，河北教育出版社2001年版，第326—328页。

就是一种生态文化。

（一）农耕文化中的因地制宜理念

吴地傍水而居，土地肥沃，气候温润，雨量充沛，地理和气候都适合水稻的种植，所以吴地民众大力发展农田水利是符合实际的，切实做到了"因地制宜"。吴地民众还依据当地的自然环境形成了一整套水稻种植规律。例如，《越绝书·吴内传》云："春生夏长，秋收冬藏，不失其常。"吴越至宋代，吴地的"五里七里一纵浦，七里十里一横浦"的规格化的塘浦圩田体系，成为吴地农业文化的一大独特景观，印证了吴地民众在利用自然和合理改造自然方面的意识和能力。农耕文明的进步与吴地较为发达的水利建设，是密不可分的。自吴国建国之后，大规模的开河筑渠之举代有所闻，如太伯的修伯渎、阖闾的开胥溪、夫差的筑邗沟以及后来春申君的"大开北渎"。隋代之开挖江南运河、吴越国之整理塘浦、宋代之修筑圩田、明清之疏浚城河等，更是众所周知。[①]水利是农业的基础，农业是经济的基础。正是吴地人民在认识自然的基础上，充分利用吴地的自然优势，做到"因地制宜"，才能在蛮夷之地创造出"苏常熟，天下足"的辉煌成就。而且，一般认为："稻作文化推崇道家，道家志在山林，充满浪漫气息，注重人与自然的和谐，强调审美人生和宗教观念。"[②] 从这个意义上说，吴地人民农耕文化的发展，是顺应自然的必然结果，也体现出吴地对人与自然和谐相处的内在追求。

（二）园林文化中的道法自然思想

吴地的私家园林，最早诞生于魏晋南北朝时期的苏州，唐宋时期走向繁荣，明清时期达到极盛，不仅数量多，而且艺术水平也很高。著名的拙政园、留园等均建于明代中晚期，当时就有"江南园林甲天下，苏州园林甲江南"的美誉。[③] 吴地园林的最大特色在于道法自然，讲求情景融合，人与自然的和谐。园内没有严整的布局，没有规矩的轴线，山水、花草、亭台、轩榭自然地整合在一起，借景以互衬，并且利用地形

---

① 王卫平：《吴文化与江南社会研究》，群言出版社 2005 年版，第 94 页。
② 周欣：《江苏地域文化源流探析》，东南大学出版社 2012 年版，第 6 页。
③ 王长俊：《江苏文化史论》，南京师范大学出版社 1999 年版，第 8 页。

特色，形成视野开阔的景观，将园内园外连成一体。例如，苏州的拙政园，从东部绣绮亭、梧竹幽居亭一带可西接远处的北寺塔。无锡的寄畅园，西倚惠山，东接锡山，西侧叠假山于惠山东麓，园内假山犹若园外真山的余脉，举目东望，园外锡山龙光塔如园中之景，达到了园外有园、景外有景，使有限园林增添了无限美景。[①] 在吴地的园林中徜徉时，人们仿佛置身于大自然，一切都是那么的自然、和谐。

（三）民俗文化中的生态民俗

民俗文化中蕴含的生态意识，历代相沿承袭而成风俗习惯，在潜移默化中影响着当代吴地人的心理。吴地在生产习俗中，最重要的是对丰收的祈求，对气候的预测，以及驱邪避灾的愿望。例如，每年栽秧第一天，农户都要在田里烧香，放鞭炮，先拜土地神，然后才下田栽秧，称为"开秧门"。清明节后，蚕农为祈保蚕茧丰收，在大门中贴纸门神一对，以讨吉利。贴门神前必须用鱼肉香烛之类先进行斋供仪式，认为若不斋供，则无蚕茧丰收。蚕房内若发现有蛇，不敢惊呼，只当作青龙降临，随即斋供，任其串游而去。七月半这天，农家于田间十字路口祭祀田神，祈求获得丰收，全家平安。在丧葬习俗中，因为有着灵魂不灭和祖先崇拜的观念，所以必须举办正式的丧礼，殁后还有烧七、百祭日、做头周年等。在岁时习俗中，元宵节时每家必备的是灶灯一盏，表示对灶神的敬意。腊八这一天要送灶，以旧灯笼糊红纸挂在灶龛两旁，并贴上一副小对联："上天言好事，下界保平安"。除夕家家要贴门神，接财神，上供烧香，祈求一年财运亨通。这些民间习俗源自吴地人对自然、神灵的崇拜。在他们看来，自然神灵与人类是相互依存和相互作用的关系。所以，吴地人民通过各种祭祀的方式祈求自然神灵的庇护，同时祭祀仪式也能规范和约束人们对自然的爱护。

（四）宗教文化中的生态伦理思想

吴地是一个多宗教地区，道教、佛教、基督教、伊斯兰教都有传播。但无论是哪种宗教，其宗教教义中都蕴含着丰富的生态伦理思想。道教文化中蕴含着丰富的生态智慧，具有"天人合一"的整体生态观。

---

① 庄若江、蔡爱国、高侠：《吴文化内涵的现代解读》，中国文史出版社2013年版，第210页。

如《太平经》说："泉者，地之血；石者，地之骨也；良土，地之肉也。地者，万物之母也……妄穿凿其母而往求生，其母病也。"中国佛教中蕴含着丰富的保护生命和生态的思想，其思想基础主要有两个：一是众生平等思想；二是生态整体主义。[1] 基督教对生态环境的影响是比较矛盾的，曾一度认为基督教为西方文明掠夺自然提供了伦理支持，但经美国林恩·怀特等学者对基督教教义的重新理解，人们可以清楚地认识到基督教中蕴含的生态伦理，人类对自然的支配权是上帝所授予的，因而人类没有任意支配自然的权利，更没有任意破坏自然的权利。[2] 伊斯兰教特别重视整体和谐，如《古兰经》说："你当赞颂你至尊主的大名超绝万物，他创造万物，并使各物匀称。"伊斯兰教认为真主的安排使万物和谐，共同构成了一个完美的生态系统。这些宗教在吴地传播的过程中，不断地教化和启示吴地人民，使得吴地人民拥有生态的智慧。

二　通达善变的智者文化

吴地的自然生态环境，是吴文化生长演进的根源和基础。吴地位于长江下游的太湖流域，素有"水乡泽国"之称，所谓"吴东有……三江五湖之利"，因而从自然特性方面看，吴文化主要是一种"水文化"。孔子曰："知者乐水，仁者乐山。"所谓"知者乐水"，知同"智"，就是说聪明的人乐于水，水文化是与儒家"仁者文化"对立互补的道家"智者文化"，具有聪颖灵慧的特性。[3] 吴人性格中的灵活善变、机智敏捷是"水文化"的充分体现。简约地梳理吴地长达上千年的历史，可以发现每当机会来临，吴地人民总是能够率先一步抓住机遇，顺应潮流，顺势而为，傲立于潮流最前端。机智巧思、灵活善变的吴文化在吴地的经济和社会的发展中起到了至关重要的作用。可以说，一部吴文化史就是一部不断创新的历史。

吴文化源于旧石器文化。上古时期，吴文化相对落后于中原文化，春秋末期，吴国一度称霸中原，但始终未能成为政治经济的中心。吴文

---

① 高扬、曹文斌：《中国佛教生态伦理的思想基础》，《中国宗教》2011 年第 11 期。
② 王伟博、殷有敢：《基督教环境伦理及其生态回归》，《中国宗教》2006 年第 1 期。
③ 王长俊：《江苏文化史论》，南京师范大学出版社 1999 年版，第 11 页。

化是在"敢为天下先"的创新精神下，抓住机遇，后来居上，成为中国最为发达的区域。在魏晋南北朝全国经济重心南移之际，吴地人民抓住机遇，大量种桑养蚕，发展丝织业以及开垦土地，使得吴地的经济跃升至全国的先进行列。随后是隋代大运河的开通，将吴地的经济与全国的经济发展紧密地联系在一起。运河所经的苏、常、润等州成为重要的经济枢纽城市。唐代的"赋出天下，而江南居十九"，宋代的"苏湖熟，天下足"，说明吴地的经济已为国内之翘楚。明清时吴地率先产生了资本主义萌芽，初具资本主义生产方式特征的丝织、棉织业促进了吴地整体工商业的加速发展。1840年的鸦片战争，使中国进入了半殖民地半封建社会，吴地大批有志之士面对国家的危难，走实业救国的道路，民族工商业在吴地首度崛起。尤其是无锡，这座昔日的小县城于20世纪中国历史的转折关头，敏锐地抓住了变革的机遇，涌现出了一批实业家，如薛福成、薛南溟父子，荣氏兄弟，杨宗濂、杨宗翰兄弟，唐保谦、唐星海兄弟。

　　吴地人总是灵活善变，锐意进取，大胆开拓创新，走出一条顺应时代潮流的道路。20世纪80年代，吴地人抓住改革开放的机遇，及时选准方向，大力发展乡镇企业，以吴人特有的机智和务实，创造出了全国著名的"苏南模式"，苏州、无锡等城市经济总量跻身于全国前十位，可谓是中国改革开放进程乃至经济发展史上的一大奇迹。20世纪90年代，吴地人又抓住对外开放的机遇，以工业园区建设为主要载体，大力引进外资，发展"外向型经济"。到了21世纪，传统的以牺牲环境为代价的粗放型发展模式导致了严重的生态危机，中国提出建设生态文明的要求，力图实现经济与生态的协调发展。在此背景下，苏南地区能够率先进行生态转型，建设生态文明，与吴地人审时度势、善于变通、开拓进取的性格是分不开的。在未来的经济发展中，苏南人必定也能凭借这种创新精神，确保苏南经济在可持续发展的道路上保持先进水平。

　　吴地人的聪颖灵慧不仅体现在经济的发展上，吴地是人文荟萃之地，教育发展也是成绩斐然。经济的发达是教育发展的基础，同时教育的发达反过来也会促进经济的发展。吴文化是一种通达善变的智者文化，在吴地的教育建设中也得到了充分的体现。著名学者李琳琦在《徽商与明清徽州教育》一书中这样描述苏州人（也可以说是苏南人）与徽州人的差异："苏州的特质可归纳为'风流'，即富有才情，率性而为，不拘守法度的气质风度；而徽州推崇的则是知书识礼、循规蹈矩。"① 可以说，吴地教育能取得如此辉煌的成就，与吴地人灵活善变、开拓进取、紧跟时代步伐是密切相关的，而同样取得过辉煌成就的徽州，则因为"循规蹈矩"不能随着时代的变化适时转型，自然只好瞠乎其后了。在古代，吴地文人在科考中独占鳌头者不少。以苏州为例，在明代89科考试中，苏州被录用进士1075人，约占全国进士总数24966人的4.32%，因此苏州儒生在朝廷中做官的也多，曾出现"户部十三司胥算，皆吴、越人也"的情景。清代自顺治三年（1646年）开科，到光绪三十年（1904年）废科，共会试112科，苏州考取13个会元、6个榜样、12个探花、658个进士，为全国之冠。清代的112名状元中，江苏占49名，其中绝大多数为吴地人，光苏州就占了25名。②

到了近代，中国遭遇西方列强侵略的同时，西方科技文化也大量涌入中国，与中国的传统文化发生了尖锐的冲突。在此背景下，吴地开明人士主张改革中国的教育，因而在吴地出现了从教育理念到体制的全方位变革。具体表现为新学兴起、留学热潮涌动，既有无锡国学专科学校弘扬传统经典，又有各类新式学堂分门别类教授自然科学知识、技能，一时间，吴地教育呈现出一派气象更新、人才辈出的喜人景象。③ 进入现代，吴地又抓住先机，借助厚实的经济基础，大力发展教育，人才培养为全国之冠，造就的专家学者遍布四方，涌现出了如经济学家孙冶方、薛暮桥，文史专家钱穆、顾颉刚、吕思勉、钱钟书，作家叶圣陶，诗人柳亚子，画家徐悲鸿、刘海粟、吴冠中，科学家华罗庚、吴健雄、唐敖庆、周培源、王淦昌、钱伟长，社会学家费孝通，心理学家潘菽等一大批杰出的知识分子。④

---

① 李琳琦：《徽商与明清徽州教育》，湖北教育出版社2003年版，第20页。
② 许伯明：《吴文化概观》，南京师范大学出版社1997年版，第84页。
③ 庄若江、蔡爱国、高侠：《吴文化内涵的现代解读》，中国文史出版社2013年版，第91页。
④ 许伯明：《吴文化概观》，南京师范大学出版社1997年版，第4页。

三　文化引领生态转型

无论是令人瞩目的历史，还是令人振奋的现实，吴地经济社会发展过程中演绎出的生动轨迹都在提示我们：文化与经济社会的发展存在着密切关联。正如著名美学家宗白华先生所说："文化是人类向上的活动力和创造精神，受着'理想'的领导和支配，着重在不断的向前追求，和精神的登高望远。"① 大而言之，文化是引导人类经济社会发展的内在力量。20 世纪 90 年代初期，吴地尤其是苏南地区开始了以工业园区为载体的外向型经济发展之路，获得了继"苏南模式"之后的又一次经济飞跃。苏南地区大大小小的工业园区，拥有较好的基础设施建设，是人力、物力和财力最为聚集的地区，又获得了国家相当大的优惠政策力度，从而在向外开放的过程中吸引了大量外资的入驻，拉动地区经济的迅速发展。但是经过几十年的发展，传统工业园区遇到了发展的瓶颈，原来以牺牲环境为代价的粗放型发展模式已经难以为继，工业园区的环境容量已达极限，必须进行生态转型，生态文明建设迫在眉睫。面对经济发展模式转变和生态文明建设的历史使命，吴文化的核心精神必定能发挥积极的推动作用，既为苏南工业园区生态转型提供历久弥新的生态智慧的支撑，也为苏南工业园区率先启动生态转型提供取之不竭的创新驱动力，更为整个苏南地区乃至整个长三角区域的生态文明建设提供文化基础。

（一）为苏南工业园区生态转型提供智慧支撑

作为一种尊崇自然的生态文化，吴文化中蕴含的人与自然和谐相处的生态智慧，在潜移默化中深入人心，从而为苏南工业园区生态转型提供日久常新的智慧支撑。当然，我们也不可否认文化中蕴含的生态智慧毕竟是一个区域长期积累流传下来的传统智慧，是无法与现代科技相比的。在现代化过程中，吴文化便受到了极大的冲击，苏南的经济发展史也是环境污染史。所以，吴文化中的生态智慧必须要与现代科学知识、科学技术密切结合起来，才会发挥更大的价值。同时，现代知识和现代技术同样也要与传统的生态智慧结合起来，才不至于失去根基。在现代

① 宗白华、林同华：《宗白华全集》（第二卷），安徽教育出版社 1994 年版，第 233 页。

经济发展中，不要一味地把传统生态智慧抛弃，因为经济的发展离不开这个环境中的人们去建设，而建设的出发点在于人们的自觉。所以，苏南地区要建设生态文明，要对工业园区进行生态转型，就必须努力找到吴文化蕴含的生态智慧、伦理、行为与现代经济伦理和行为的结合点。在吴地这样一个传统文化深厚的地区，传统的智慧更容易引起大多数人的共鸣，它可以唤起人们的感情和良知，更容易激发人们的积极性。

在吴文化生态智慧的指引下，苏南工业园区在"既要金山银山，又要绿水青山"理念的指导下进行工业生产，提高了环境保护意识。2011年《苏州高新区生态文明建设规划》中，明确提出了提高全社会生态文明意识，要"加大舆论引导与宣传，广泛宣传党和国家的生态文明、环境保护方针政策、法律法规，积极倡导绿色消费理念，普及生态环保知识，引导各级领导干部增强保护和改善生态环境、建设生态文明的自觉性和主动性，引导社会生态环境行为，持续提高人民群众对生态环境的满意度"。苏州工业园区湖西社工委、星海实验中学共建环保教育专题网"绿洲网"，通过"环保百科""绿色行动""低碳视点""生态科技""星湖茶语"等栏目，让学生发表评论，宣传环保低碳的理念。张家港把生态文化教育纳入了国民教育体系，率先开展了"新课程背景下生态课堂案例研究"，并规划建设了暨阳湖生态教育馆、青少年教育实践基地等一批特色鲜明的生态教育基地，深入开展绿色系列创建活动，目前该市所有中小学、幼儿园创建成绿色学校，绿色社区比例达到90%以上。①《无锡市"十二五"生态文明建设规划》中明确指出，要充分利用广播电视、新闻出版和教育等媒介，加强生态文明的宣传教育，将生态文明建设观念根植于人们的心底。《南京市生态文明建设规划（2013—2020）》也强调了加强生态文明宣传教育的重要性，要求健全生态文明宣传教育网络，拓宽生态文明宣传渠道，开展生态文明主题宣传活动。这些措施意味着苏南地区意识到生态文明意识对生态文明建设的重要性，而生态意识获得的基础就是吴文化所蕴含的生态理念，一方面能直接提供人与自然和谐的生态智慧，另一方面，吴文化生态理念潜

---

① 孔炯：《张家港 2014 年前力争建成全国首个生态文明建设示范区——看一个工业大市的生态追求》，《新华日报》2012 年 9 月 30 日 B2 版。

移默化的影响，使得苏南人更加容易理解生态环保知识，提高生态文明建设的自觉性。

在生态文明建设中，生态文化是助推生态文明建设的强大精神动力。吴文化中蕴含的生态智慧，正是苏南工业园区生态转型过程中的精神动力和内在支撑。其实说到底，人的文化观念也是生产力，而且是重要的生产力，因为看似抽象的文化观念就落实到人们的具体思维方式和行为习惯中。现代化建设只有与生态智慧相结合，才能走出一条经济与生态和谐的可持续发展之路。吴文化中无形的生态智慧看似无力，但当社会发展到一定阶段，经济与文化便不再是主辅关系。文化在城市发展中的主体地位和能动性就会日益彰显，生态智慧便会形成人的内心自觉，在经济转型中发挥重要作用，从而实现经济与生态的协调发展。

（二）为苏南工业园区率先实现生态转型提供创新动力

作为一种通达善变的智者文化，吴文化体现出来的"机智巧思、灵活善变"的特性，为苏南地区提供了取之不竭的创新驱动力，使苏南地区始终处于全国的领先地位。在古代，吴地的先民就曾创造过辉煌的成就。经济上，从地广人稀、"无积聚而多贫"发展为财富之区，国家的财政支柱；文化上，从蛮夷之邦，转变为人文荟萃之地，文化渊薮。近代以来，中国的民族工商业在这里两度崛起，创造了举世瞩目的"苏南模式"，后又抢得开放型经济发展之先机，获得了经济的再次飞跃，在当代中国现代化建设的历史上写下了浓墨重彩的一笔。吴地辉煌的成就，显现了吴地人的聪颖和开拓进取的创新精神，也体现了吴文化精神内核的延续和传承。在吴文化的浸润下，吴地人民必定还能继续创造奇迹。我们相信苏南工业园区能够率先实现生态转型，率先走出一条经济与生态和谐的可持续发展之路。

吴文化的价值功能在于勇于争先，追求先进。敢不敢争先，善不善于争先，能不能够争先，反映出来的首先是一种心态和精神。[①] 在苏南，我们看到的是"四千四万精神"，即"走遍千山万水，吃尽千辛万苦，说尽千言万语，破除千难万险"。正是凭借这"四千四万精神"，

---

① 杨余春：《吴文化的基本特点与当代价值》，《苏州大学学报》（哲学社会科学版）2008 年第 2 期。

苏南才能在改革开放之初大力发展乡镇企业，才能创造家喻户晓的"苏南模式"。敢为人先，开拓进取，一直是苏南人的精神主流，"崇文、融和、创新、致远"的苏州城市精神，"尚德务实、和谐奋进"的无锡城市精神，"好学善思、谦和人本、明德尚义、弘毅进取"的常州城市精神，无不显示出苏南人的奋勇争先。

党的十八大以来，生态文明建设被提高到了前所未有的战略高度。为认真贯彻《中共中央　国务院关于加快推进生态文明建设的意见》，江苏省出台了《关于深入推进生态文明建设工程　率先建成全国生态文明建设示范区的意见》，率先颁布《江苏省生态文明建设规划》，率先划定生态红线，率先开展绿色发展评估，扎实推进生态空间保护、经济绿色转型、环境质量改善、生态制度创新等"七大行动"。2015 年 10 月 20 日，江苏省又颁布了《江苏省委　省政府关于加快推进生态文明建设的实施意见》，明确坚持"率先建成生态省，率先建成全国生态文明示范省"的目标不动摇，为"迈上新台阶、建设新江苏"奠定坚实的基础。在整个江苏省率先建设生态文明的要求下，苏南历来是江苏的区域经济中心，因而其生态文明建设对江苏有着重要的意义，其中工业园区的生态转型是关键。

苏南工业园区在"勇于争先，追求先进"吴文化的推动下，率先开启了生态转型之路。苏州工业园区、苏州高新技术产业开发区是全国首批 3 家国家生态工业示范园区中的 2 家，截至 2014 年 4 月 18 号，无锡新区、昆山经济技术开发区、张家港保税区暨扬子江国际化学工业园、南京经济技术开发区、江苏常州钟楼经济开发区、江阴高新技术产业开发区也都被评为国家生态示范工业园区①，达到 30.7% 的比例，说明苏南地区在生态工业园区的建设中处于全国领先地位。其中，苏州工业园区还是国家级循环经济示范试点产业园区，在全国率先启动生态文明示范园区建设，打造首个生态文明示范园区试点。《苏州工业园区生态文明建设规划》确定，到 2020 年，将实现生态文明的高级阶段，全

---

① 中华人民共和国环境保护部（http：//kjs. mep. gov. cn/stgysfyq/m/201302/t20130222_248379. htm）。

面实现物质文明、精神文明、政治文明、生态文明的协调统一。① 无锡新区是江苏省唯一首批进入中央命名的海外高层次人才创新创业基地，还是江苏省唯一与科技部合作共建的国家创新型园区。以循环经济为发展理念，无锡新区在全国率先制定了《无锡新区制造业项目评估办法》，设置地评、技评、业评、环评、能评、安评、人评、效评8道门槛，限制资源能耗大、污染程度高、环境行为差的企业进入无锡新区。对于区内存量企业中的化工、"五小""三高两低"企业，实施最大限度地关、停、并、转，总量减排绩效持续显现。

当一种创新型的精神深入吴地人的心中，深入吴地城市发展定位与目标的理性预设之中时，苏南工业园区生态转型的率先实现也就不再是幻想，吴文化之灵动智慧、开拓进取赋予苏南工业园区的生态文明建设深厚的根基沃土。创新理念的文化自觉让我们相信，吴文化不仅造就了苏南地区昨天和今天的发展奇迹，更为明天生态文明建设的率先发展勾勒出绚丽的图景。

① 《中国生态工业园区建设模式与创新》编委会：《中国生态园区建设模式与创新》，中国环境出版社2014年版，第221页。

第六章

苏南工业园区的环境治理

第一节　生态现代化理论与中国实践

从社会发展的总体价值和根本方向看，社会不断发展进步的同时，也会导致某种程度上的"现代性危机"。马克思曾围绕资本主义生产方式推动由"人的依赖性"向"物的依赖性"转变的现实，深刻阐释了西方社会现代大转型及其伴生的诸多社会问题。[①] 按照马克思主义基本理论，"物质主义的生产方式制约着整个社会生活、政治生活和精神生活"[②]。关于现代性与环境危机的反思和讨论，从20世纪60年代到90年代，西方国家的环境政治思维范式或"意识形态"先后经历了从"生存危机"经由"可持续发展"向"生态现代化"的转型过程。从《寂静的春天》到《21世纪宣言》再到后来的《增长的极限》，这些代表西方社会重新认识和深刻反思人类环境危机的标志性文本，伴随随后发生在西方国家声势浩大的绿色运动和生态治理思维，成为引起西方发达国家工业化后期发展理念转向和治理范式转型的制度性革新的动力。特别是1987年，世界环境与发展委员会发布的《我们共同的宣言》报告，将"可持续发展"作为人类共同的守则，到1992年里约宣言108个国家签署的《21世纪议程》，基本达成全球层面的发展共识。可持续发展体现了人类自身进步与自然环境关系的反思，反

[①] 《马克思恩格斯全集》第46卷（上），人民出版社1979年版，第110页。

[②] 《马克思恩格斯选集》第2卷，人民出版社1995年版，第32页。

映了人类对于已走过的道路的抛弃和变革，开始重视人类社会与自然系统的未来关系走向，成为现代化过程中人类走进生态文明的社会发展新动力和新范式。

生态现代化的概念是德国学者胡伯在 20 世纪 80 年代提出来的。"生态现代化"是一种通过转向绿色技术而节约资源和成本的技术性变革。它对革新、生产力和竞争力的供需，决定了它是一种成功的战略。一般而言，现代化和革新竞争的市场逻辑以及全球性环境需要的市场潜力，是生态现代化的重要推动力。

在中国走向治理体系及治理能力现代化进程中，生态文明建设和生态治理的政治话语建构及制度建设无疑是关键一环。从全球视野看，这一方面源于全球工业化、城市化发展推进的社会转型所带来的人类生存境遇的严峻挑战而提出的转换经济发展模式的理性诉求，另一方面，更是工业革命以后对发展主义哲学促动下的"经济帝国主义"导致的生态恶化结果的矫正。长期以来，中国在以"经济建设为中心"方针的指引下，在追求经济单方面高速增长的政府行为逻辑规约下，经济、社会与生态文明建设产生失衡。更严重的是，30 多年的增长主义发展模式，已经形成了一种强大的体制性力量，直至内化为政府行为的某种固定逻辑，产生了强烈的路径依赖，并将这种思维方式和行为模式复制扩展到社会的各个层面，从而引发了具有典型现代性特征的"国家物质主义哲学"危机。国家物质主义哲学的论点对生态恶化现象有很强的解释力，该观点认为，社会制度变迁和信念体系的演变具有同一性。换句话说，1978 年以来的改革历程就是物质主义发展观逐渐深入人心和渗透制度的过程，就是"资本的逻辑"逐渐成为制度建设指南的过程，即经济主义成为官方意识形态一部分的过程，经济帝国和物质至上的官方意识形态，借助强大的政府传播手段和宣传力量，不仅上升为国家发展的象征性文本符号，更固化为所谓社会文明进步的制度化范式，而全面渗透到社会的各个领域。[1]

正是中国改革以来政府物质主义哲学理念支配下构建的制度框架、

---

[1]　道格拉斯·诺思：《制度、制度变迁与经济绩效》，刘守英译，上海三联书店 1994 年版，第 274 页。

政治生态及伦理状态，导致了经济社会发展过程中某些领域的生态缺位和环境污染。环境污染引发的群体性邻避事件等社会抗争，对传统的政府主导下的治理行动提出挑战。正如吉登斯所言，"一个巨大的由各种事物与力量构成的组织，割裂了所有的进步、灵性和价值，以便把它们的主体形式转换成一种纯粹的物质生活的形式，而个体在这个组织里仅仅变成了一个齿轮"①。

如果从社会现代化发展的历史维度去观测当前的环境问题，不难看出，对于我国的发展属性而言，生态问题是现代工业和城镇化发展进程中难以回避的内生性重点问题。中国作为后发工业化国家的主要经济实体，经济发展模式很大程度上沿袭了先发工业国家的做法，走的是一条"先污染后治理"的路子。然而过分偏重经济发展的政绩导向和评价体系的后果，在地方政府的眼中，也终归演绎成为"经济发展主导一切"的信仰，生态问题被严重忽视。这样一种知识状况，并不只是观念形态的问题，还直接地成为现实制度自我合法化的叙事逻辑。观念形态和现实的制度体系联系在一起，导致长期以来，中国的环境污染问题并没能得到有效控制，潜在的环境问题不断显现，新污染问题日益凸显，重特大环境事件出现的频率越来越高，生态环境恶化的局面没有得到根本扭转。② 概论之，经济发展和生态保护成为中国后发型工业模式自身发展鲜明的矛盾。

中共十六大以来，生态文明建设就处于逐渐强化的过程之中。中共十七大把"建设生态文明"纳入实现全面建设小康社会的五大目标之一，并首次将人与自然和谐，建设资源节约型、环境友好型社会写入党章，成为执政党的政治纲领。2013 年 5 月 24 日，习近平总书记在中共中央政治局集体学习讲话中更是明确提出了"生态红线"的要求，直到十八届五中全会，"创新、协调、绿色、开放、共享"这五大新发展理念被鲜明提出，将生态文明提升到全局发展战略性高度的重要地位。在今天中国的政治语境中，论及"生态文明"，其实质是探求新的发展

① 齐奥尔格·西美尔：《时尚的哲学》，费勇译，文化艺术出版社 2001 年版，第 197 页。
② 朱芳芳：《中国生态现代化能力建设与生态治理转型》，《马克思主义与现实》2011 年第 3 期。

道路。原环保部部长周生贤曾经尖锐地指出，中国的环保问题呈现结构性、叠加性、压缩性、复合性，"发达国家一两百年间出现的问题，在中国改革开放 30 多年的快速发展中都出现了"[①]。对于正处于工业化中后期并深受生态恶化趋势严重影响的转型中国而言，转变被 GDP 控制和规模速度绑架的经济增长模式，变得尤为迫切。原环保部部长陈吉宁说，绿色发展理念是中共积极探索经济规律、社会规律和自然规律的认识升华，带来的是发展理念和方式的深刻转变，也是执政理念和方式的深刻转变。[②] "将超越和扬弃现有的工业化、现代化模式"，带来 "一场涉及生产方式、生活方式、思维方式和价值观念的重大变革"[③]。将视域提升到人类发展的整个历史进程中，我们会发现，环境问题整体而言实质是人类文明发展模式的问题，生态文明建设涉及生产方式、生活方式、思维方式和治理方式的深刻转型。

因此，如果我们用发展的眼光系统性地对待生态发展问题，也许会发现，21 世纪以后，尤其是中共十八大以来，生态文明不仅是一种发展理念，更是贯彻到社会五大领域的最深刻的历史性、社会性和系统性命题。生态现代化是谋求经济发展与生态平衡的理论，也是构建社会整体系统生态均衡的基本路径。对于现阶段来说，如何将传统经济导入生态经济发展模式新轨道，实现以生态经济引领中国经济转型，成为我国当前和今后相当长一段时间的重大课题。生态现代化不仅将生态治理的理论关注点从环境问题的政策法律监管和事后处理转向了环境问题的预防和克服方面，而且以此重新界定和解决了已经被 "生存危机" 论大众化了的环境压力与经济繁荣目标之间的矛盾，同时更积极寻求二者结合的可能性路径。[④] 它进一步提升了现代工业社会对现有和未来环境问题的认识和应付能力，构成了现代工业文明朝更环保的良性方向发展的理论基础。中国生态现代化战略，可以以生态经济、生态社会和生态意

---

① 引自环保部原部长周生贤回答《大公报》记者提问的谈话。

② 陈吉宁：《以改善环境质量为核心　全力打好补齐环保短板攻坚战——在 2016 年全国环境保护工作会议上的讲话》，2016 年。

③ 马丁·耶内克、克劳斯·雅各布：《环境政治学译丛·全球视野下的环境管治：生态与政治现代化的新方法》，李慧明、李昕蕾译，山东大学出版社 2012 年版，第 9 页。

④ 吴兴智：《生态现代化理论与我国生态文明建设》，《学习时报》2010 年 8 月 19 日。

识为三个突破口，以轻量化、绿色化、生态化、经济增长与环境退化脱钩的"三化一脱钩"为主攻方向，从源头入手解决发展与环境的冲突，努力完成现代化模式的生态转型。①

　　生态现代化作为伴随西方现代化理论的衍生产物，虽然受西方国家资本主义经济、政治和体制的制约具有局限性，但作为一种分析现代工业社会发展的基本维度，具有规范性的理论特质。正如摩尔所言，生态现代化是一种强调当代工业社会按照生态原则对生产、消费、国家实践和政治话语进行彻底调整的特征与过程理论。② 该理论是一种规范性理论，主张协调生态与经济，通过转变经济增长方式，实现经济增长与环境保护的双赢。诚然，由于长期受地方发展主义和经济导向性体制模式的影响，导致以资本利益和增长效率最大化为核心的现代化与政府的经济主义具有高度吻合性，这种状况使地方环境治理的行政效率和制度进程不尽如人意。伴随中国市场转型而来的政府行为的企业化、谋利化特征，同时大量行政性创新行为矛头指向经济效益和财政指标，并依赖制度惯性和财税利益的长期需求，产生了"权力的发展主义"路径。所以在工业绩效需求依旧旺盛的形势下，生态化取向的公共治理不能缺少地方政府对于环境保护与生态建设的价值理性之理解并为之提供充沛的公共资源。③ 对于中国的地方政府而言，现实的选择是发展经济与环境保护兼顾，正确处理发展主义和生态主义的关系，一方面，充分认识市场经济体制的建立，特别是以循环经济为模式的产业培育和创新为环境保护提供了技术支撑和产业基础；另一方面，政府更加注重制定促进经济增长与环境保护相协调的各种规划和设计，随着经济增长和财政能力的增强，政府持续加大环境污染治理投入的实践已取得一定的成效。尤其是近年来，从一些总体指标来看，中国经济增长与环境状况确实显现走向双赢的趋势。总之，近年来中国在社会主义现代化进程中日益凸显了环境保护取

---

① 何传启：《要现代化，也要生态现代化》，《光明日报》2007 年 2 月 26 日。

② Arthur P. J. Mol，David A. Sonnenfeld and Gert Spaargaren（eds.），*The Ecological Modernisation Reader：Environmental Reform in Theory and Practice*，London：Routledge，2009，pp. 456 – 472.

③ 黄建洪：《生态型区域治理的现代性与后现代性张力》，《社会科学》2010 年第 4 期。

向。在此意义上，中国实践取得了初步成效，促成了经济增长与环境保护的生态文明实践在一定程度上走向双赢的趋势。工业化、技术进步、经济增长不仅和生态环境的可持续性具有潜在的兼容性，而且也可以是推动环境治理的重要因素和机制，由工业化导致的环境问题可以通过"协调生态与经济"和进一步的超工业化，而非"去工业化"的途径来解决。①

虽然总体而言，由于现代化进程的发展制约，我国的生态现代化依然是生态保护为辅，经济发展为主要导向的现代化，但随着中国政府和全社会的不懈努力，环境保护工作已经取得明显成效。当代中国提出走科学发展的道路，转变经济结构和发展方式，已着手从经济转型向后现代过渡。与之相适应，还需要建立起全新的治理机制，实现生态治理转型。② 正如俞可平所言，与环境问题直接相关的，是国家的生态治理体制和生态治理能力。③ 健全我国的现代生态治理体系，推进生态治理现代化，是推进生态文明建设的不二法门。要完成由"工业现代化"向"生态现代化"的发展转型，需要建构一种开放式生态治理模式。开放式生态治理模式的核心机制在于开放性，即在经济、政治、文化、社会、生态的发展变迁中，生态治理模式不同纬度的相应发展、变迁。开放式生态治理模式整合了政府结构改革、产业转型和社会参与的生态治理系统，是走出发展结构性困局的可行路径和必然选择。生态现代化作为一种崭新和完备的现代化理论，作为一种全新的绿色实践运动，带给人类的必将是一个全新的社会，即生态社会。这既是社会文明发展的高级阶段，也是人类自身发展的根本追求。

---

① U. Simonis, "Ecological Modernzation of Industrial Society: Three Strategic Elements", *International Social Science Journal*, Vol. 41, No. 121, 1989, pp. 347 – 361.

② 朱芳芳：《中国生态现代化能力建设与生态治理转型》，《马克思主义与现实》2011 年第 3 期。

③ 俞可平：《如何推进生态治理现代化》，《中国生态文明》2016 年第 3 期。

第二节 "政绩跑步机"：关于环境
问题的一个解释框架[①]

一　政府不重视环境污染治理吗？

在中国的经济发展取得令世人瞩目的高速增长后，曾经粗放型、高消耗的经济增长模式以及政府在发展过程中对于环保的忽视，使得当代中国社会正面临严峻的环境问题。2010 年年底，中国取代日本成为世界第二大经济体，但与此同时，中国也超过美国成为世界上最大的能源消费国。事实上，早在 2008 年，中国就超过美国成为世界上最大的温室气体排放国。中国被认为是世界上污染最严重的国家之一。[②] 大量的雾霾天气和"癌症村"以及频发的群体性邻避事件，既是中国环境污染后果最直接的表现，又进一步显示了中国环境污染的严峻性。2012年以来，环境问题特别是以只能"靠风吹霾"才能得到缓解的雾霾天气已经成为上至政府官员，下至普通民众普遍关注和热议的话题。糟糕的空气质量引发了人们对有关部门的质疑。例如在 2013 年 3 月，十二届全国人大代表在表决通过环资委名单时，接近三分之一的全国人大代表投了反对票或者弃权票，环资委成为当时所有专门委员会中得票数最低的。

环境污染问题的另一表现则是公众健康受损，以癌症为代表的健康问题尤为触目惊心。目前，中国多地出现了"癌症村"现象[③]，林林总总的"癌症村""垃圾村""血铅村"昭示了新兴经济体的困境。[④] 伴随环境污染多发，群体性邻避事件层出不穷，并引发一种新的治理困境。比较有代表性、影响较大的事件有北京、广州等地民众反对建立垃

---

① 本节内容前期成果参见任克强《政绩跑步机：关于环境问题的一个解释框架》，《南京社会科学》2017 年第 6 期，收入本书时做了修订。

② 冉冉：《"压力型体制"下的政治激励与地方环境治理》，《经济社会体制比较》2013年第 3 期。

③ 陈阿江、程鹏立、罗亚娟：《"癌症村"调查》，中国社会科学出版社 2013 年版。

④ 樊良树：《环境维权：中国社会管理的新兴挑战及展望》，《国家行政学院学报》2013年第 6 期。

圾焚烧厂事件，厦门、大连等地反 PX "散步运动"，成都和昆明市民抗议石化类项目，上海松江民众抵制电池厂项目以及连云港市民抗议核循环项目，等等。由环境维权引发的群体事件，似有愈演愈烈之势。据统计，我国因环境问题引发的冲突事件年均增长速度高达 30%，环境冲突与传统的征地冲突、劳资冲突成为引发群体性事件的"三驾马车"①。上述种种现象都昭示着环境污染异常严峻的现实。那么，为什么中国的环境污染得不到有效治理呢？

　　一种观点认为，环境污染的主要责任在中央政府。作为"发展型政府"，中央政府需要扮演"发展主义政府"的角色②，其发展战略一直秉承"发展就是硬道理"的发展逻辑，始终把经济建设放在政府职能的核心位置，进而形成了追求"GDP 至上"的行为惯性。与此同时，我国在政府绩效考核体系中形成了压力型体制③和 GDP 竞争锦标赛机制。④ 在以经济增长为主要任期考核指标的压力型行政体制下，地方官员热衷于追逐 GDP 和税收/财源的增长⑤，政府绩效考核高度强调 GDP 等经济指标，忽视对社会发展、可持续发展和人的全面发展等指标的考核。在"发展主义政府"思想的指导下，以"高能源消耗，高污染排放"为特点的经济增长，虽然提高了生产力，却过度地消耗了资源、能源，极大破坏了生态环境。⑥ 近年来，这种单纯注重经济增长、忽视环境保护的政府行为已经有了很大的改观。党的十八大以来，"美丽中国""绿水青山就是金山银山"、五大发展理念和绿色发展等新思维逐步确立，生态文明建设提高到前所未有的高度。近年来，中央政府大力

　　① 樊良树：《环境维权：中国社会管理的新兴挑战及展望》，《国家行政学院学报》2013年第6期；赵小燕：《邻避冲突参与动机及其治理：基于三种人性假设的视角》，《武汉大学学报》（哲学社会科学版）2014年第2期。
　　② 洪大用：《经济增长、环境保护与生态现代化——以环境社会学为视角》，《中国社会科学》2012年第9期。
　　③ 荣敬本等：《从压力型体制向民主合作体制的转变》，中央编译出版社1998年版，第28页。
　　④ 周黎安：《中国地方官员的晋升锦标赛模式研究》，《经济研究》2007年第7期。
　　⑤ 张玉林：《政经一体化开发机制与中国农村的环境冲突》，《探索与争鸣》2006年第5期。
　　⑥ 何爱平、石莹：《我国城市雾霾天气治理中的生态文明建设路径》，《西北大学学报》（哲学社会科学版）2014年第2期。

倡导生态文明建设，把环境指标纳入地方政府考核的指标体系，并在考核中实行环境一票否决制度。① 比如，为了有效地贯彻节能减排政策，中央政府在进行顶层设计时逐步明确了政府责任并分解目标，地方各级政府对本行政区域节能减排负总责，政府主要领导是第一责任人，实行对领导人的"一票否决"制度。② 2014 年以来，地方政府纷纷强力推动环境治理，中国从"以经济建设为中心"步入生态文明建设切实推行和铁腕治污的新阶段。如果说中国之前的环境保护采取的是"睁一只眼、闭一只眼"的态度，通过牺牲环境以换取经济发展，生态文明只是作为一种口号的话，那么伴随着环境安全事故一票否决制度以及经济"新常态"的确立，生态文明建设已然成为一种硬任务。"十三五"规划更是将环境和生态保护提高到史无前例的重要位置，其中《"十三五"生态环境保护规划》按照"十三五"规划纲要的要求，提出 12 项约束性指标，其中涉及环境质量的 8 项指标是第一次列入。③

另有一种观点认为，环境污染的主要责任在地方政府。这种观点认为在经济发展优先的逻辑下，地方政府采取粗放型、外延式的经济发展模式，以高能源消耗换取经济增长，且对企业放松环境规制。"地方政策执行者不但缺乏进行环境治理所需的财政权力和能力，而且内心缺乏对中央环境政策的认同。"④ 地方政府不作为的根源在于现有的委托—代理关系问题：由于地方政府官员的升迁主要取决于上级的评价和任命，因此他们更加看重那些能够获得上级认可的政绩。⑤ 此外，地方政府在环境领域的不作为还在于"考核—应对"机制的失灵。目前的干

① 林卡、易龙飞：《参与与赋权：环境治理的地方创新》，《探索与争鸣》2014 年第 11 期。
② 包雅钧等：《地方治理指南——怎样建设一个好政府》，法律出版社 2013 年版，第 87 页。
③ 12 项约束性指标分别是：地级及以上城市空气质量优良天数、细颗粒物未达标地级及以上城市浓度、地表水质量达到或好于Ⅲ类水体比例、地表水质量劣Ⅴ类水体比例、森林覆盖率、森林蓄积量、受污染耕地安全利用率、污染地块安全利用率，以及化学需氧量、氨氮、二氧化硫、氮氧化物排放总量。
④ 冉冉：《地方环境治理中的非政治激励与政策执行》，《中国社会科学内部文稿》2015 年第 1 期。
⑤ 包雅钧等：《地方治理指南——怎样建设一个好政府》，法律出版社 2013 年版，第 101 页。

部指标考核体系中，起决定作用的硬指标仍然是经济发展和社会稳定。① 以指标和考核为核心的"压力型"政治激励模式，由于其在指标设置、测量、监督等方面存在的制度性缺陷，未能对地方的政策执行者起到有效的政治激励作用。同时，中央政府的各项政治激励常常具有象征性特征，在落实到执行层面时往往模糊不清、互相矛盾。虽然中央越来越重视环保，但由于环保指标存在不易测量等因素，地方政府常以牺牲环境指标来完成其他更具优先性的指标。② 此外，地方领导人的任期和轮换制度，也导致他们难以将工作重心放在环境保护这样的长期工作上。生态和环境保护是一项具有"前人栽树，后人乘凉"属性的事业，需要长远的视野和规划。多数官员在短短的任期内，通常会把有限的资源放到那些"短、平、快"的项目，难以顾及生态及环境的治理与改善。③ 不过我们也发现，最近 3 年来，中央启动环境保护督察，致力于将环境考核监督压力向下传导。作为党中央和国务院推动生态文明建设和环境保护的一项新的制度安排，中央环保督察已开始对现阶段的环境治理产生积极影响。例如，环保部从 2014 年开始推行定期约谈制度。根据环保部官网、各环境保护督察中心网站及中国环境报官网数据显示，截至 2015 年 10 月，已有 25 个城市或单位因为环境问题被环保部约谈，其中 2014 年约谈了 5 个，2015 年约谈 20 个，20 个为城市，1 个为国企。④ 2016 年 4 月 28 日，环境保护部对山西省长治市、安徽省安庆市等 5 个地市政府主要负责同志进行约谈，督促地方政府全面贯彻实

---

① 包雅钧等：《地方治理指南——怎样建设一个好政府》，法律出版社 2013 年版，第 101 页。

② 冉冉：《"压力型体制"下的政治激励与地方环境治理》，《经济社会体制比较》2013 年第 3 期。

③ 包雅钧等：《地方治理指南——怎样建设一个好政府》，法律出版社 2013 年版，第 102 页。

④ 被约谈单位为：湖南省衡阳市、贵州省六盘水市、河南省安阳市、黑龙江省哈尔滨市、辽宁省沈阳市、云南省昆明市、吉林省长春市、河北省沧州市、山东省临沂市、河北省承德市、河南省驻马店市、河北省保定市、山西省吕梁市、四川省资阳市、江苏省无锡市、安徽省马鞍山市、河北省隆尧县、河北省任县、河南省郑州市、北京市北京城市排水集团有限责任公司、河南省南阳市、广西壮族自治区百色市、甘肃省张掖市、甘肃省林业厅、甘肃祁连山国家级自然保护区管理局。详见 http://news.xinhuanet.com/city/2015 - 10/08/c_128293197.htm。

施《大气污染防治行动计划》，严格落实环境保护有关法定责任。[①]
2015 年，中央环保督察首次在河北试点期间，共办结 31 批 2856 件环境
问题举报，关停取缔非法企业 200 家，拘留 123 人，行政约谈 65 人，
通报批评 60 人，责任追究 366 人。[②] 很明显，地方政府面临着前所未有
的环境治理压力，这对其环境治理行为产生了积极的影响。

我们要问的是，在经济发展处于"新常态"和生态文明建设日益
受到重视的形势下，环境污染为什么依然久治不愈？造成环境治理困境
的根源是什么？本部分将尝试回答上述问题。

二　从"生产跑步机"到"政绩跑步机"

西方社会也经历过环境污染严重、久治不愈的阶段，学界就此现象
开展了很多理论探讨和经验研究。其中，"生产跑步机"（treadmill of
production）理论具有很强的代表性。

（一）"生产跑步机"的理论阐释

"生产跑步机"理论是 Schnaiberg 于 1980 年提出的一个概念，用于
指称一种经济扩张过程中复杂的自我强化机制。这一理论的提出源于作
者的两个观察：一是 20 世纪后半期，生产过程对生态系统所施加的影
响发生了巨大变化，其中最显著者便是各种新技术的应用；二是社会系
统对这一生产过程的社会和政治回应变化无常，其中一些人抗拒这种现
代生产系统，另一些人则拥抱这些新技术并将其视为解决环境问题的良
药。[③]"生产跑步机"理论将其理论关注点置于制度和社会结构之中，
可以视为一种环境的政治经济学分析。[④]

---

① 中华人民共和国环境保护部：《环境保护部就大气污染防治问题约谈 5 市政府主要负
责同志》（http://www.zhb.gov.cn/home/pgt/xzcf/201606/t20160606_ 353886. shtml）。

② 杜希萌：《中央环保督查再次启动各督查组进驻时间为一个月》（http://www.ce.cn/
xwzx/gnsz/gdxw/201607/17/t20160717_ 13877347. shtml）。

③ Allan Schnaiberg, David N. Pellow, Adam Weinberg, "The Treadmill of Production and
the Environmental State", in Arthur P. J. Mol, Frederick H. Buttel（ed.）*The Environmental State
Under Pressure: Research in Social Problems and Public Policy*, Emerald Group Publishing Limited,
Vol. 10, 2002, p. 15.

④ Frederick H. Buttel, "The Treadmill of Production: An Appreciation", *Assessment, and A-
genda for Research*, Vol. 17, No. 3, 2004, pp. 323 – 336.

作为环境社会学中最主要的理论范式之一，"生产跑步机"理论享有很高的学术地位。该理论旨在说明为什么美国的环境状况在二战之后退化得如此之快，它对环境前景持相对悲观的论调，认为在现有的政治经济体系内，环境问题无法得到根本解决。①"生产跑步机"被认为是两个过程互动的产物。一是"技术能力的扩张"（the expansion of technological capacity），在现代工业社会，社会系统迫切需要技术能力的升级以为不断增长的人口提供经济支持；二是"经济增长的优先性"（economic growth preferences）②，或者说是经济标准仍然是社会系统设计和评估生产过程和消费过程的基础，生态标准在其中无足轻重。"生产跑步机"可以进一步分为两种形式：生态性的和社会性的。③

生态性的"生产跑步机"认为，使用有效的新技术可以生产更多的产品，因此能获得更多的利润，也因此可以投资更具生产力的技术。这种扩张需要更多的输入（原材料和能量），因此是更多的自然资源的提取。同时，这也意味着更多的排放。这就使得生态系统一方面成为原材料的来源，另一方面又成为有毒垃圾的投放之处。

社会性的"生产跑步机"则认为，在生产的循环中，越来越多的利润被用来对工厂的技术效率进行升级。与生态系统一样，工人们也在为自己的堕落播撒种子。工人通过生产利润，使得对节省劳动力技术的投资达到了更高的水平，最终将他们自己清除出生产的过程。

因此，在"生产跑步机"的运行中，所有的利益主体都牵涉其中，并成为该系统的一员。企业或经济组织希望获得利润并保持经济和政治环境的稳定。因此，企业不断通过资金投入进行技术升级，从而用物质资本代替劳动力以创造更多的利润，以此在不断加剧的竞争中维持甚至

---

① 陈涛：《美国环境社会学最新研究进展》，《河海大学学报》（哲学社会科学版）2011年第4期。

② Schnaiberg and Gould，Treadmill predispositions and social responses，in King and Mc Carthy（eds），Environmental Sociology：From analysis to action，Lanham：Rowman&Littlefield Publishers，2009，pp. 51 - 60.

③ Allan Schnaiberg，David N. Pellow，Adam Weinberg，The treadmill of production and the environmental state，in Arthur P. J. Mol，Frederick H. Buttel（ed.）*The Environmental State Under Pressure：Research in Social Problems and Public Policy*，Emerald Group Publishing Limited，Vol. 10，2002，p. 15.

扩张他们的地位；工人则希望获得工作机会和更高的工资、更好的福利和工作环境，但这些获得必须依赖企业生产的扩张和投入的增加；政府则需要企业提供税收，并以此来获得政治的稳定性甚至自身的合法性。所有的利益主体都能够在生产跑步机的运行中获取自身的利益，其结果就是"资本、劳动力和政府之间的联盟"①，企业既需要通过技术取代劳动力来增加利润，又出于社会安全的考虑必须再次加速跑步机创造更多的就业岗位，并培育更多有能力的消费者。政府一方面扩大公共教育，从而制造高素质的劳动者，另一方面又开放消费信贷，以确保国内需求能够匹配企业不断增长的生产能力。同时，企业和政府之间的关系也在发生变化，工厂从地方和中央政府的控制中自治性不断增长。政府对于跑步机组织的依赖性也在不断增长，因为需要获得对方的财政和政治支持。总之，"生产跑步机"意味着企业和政府必须通过工人生产更多的产品和服务，并使得工人成为能够消费这些产品和服务的消费者。这个过程需要消耗更多的资源和能量，也会使得工业和消费的浪费不断滋长。

（二）"政绩跑步机"的概念及其内涵

所谓"政绩跑步机"，是政府机构间围绕政绩考核激励而产生的一种重要机制。无论是经济发展还是环境保护，政府的行为往往以追求政绩为最终目标。无论是基于锦标赛机制下向上升迁的冲动，还是基于财税压力下正常运转的生存需求，只要最终诉求是追求政绩，那么这架"政绩跑步机"就如同"生产跑步机"一样，永远不会停歇。

"政绩跑步机"的利益相关方包括中央政府、地方政府、企业、NGO 和普通民众等多个行动主体。其外部动力根源在于中央政府自上而下的考核机制，内部动力根源在于地方官员在政绩考核下的升迁冲动，其运行还受到产业结构特别是企业生产经营技术手段和路径依赖下旧的生产模式的影响。此外，在"政绩跑步机"机制下，民众的监督和制约非常有限，民众的意志并不能影响地方官员的升迁以及由此而延

---

① Allan Schnaiberg, David N. Pellow, Adam Weinberg, "The Treadmill of Production and the Environmental State", in Arthur P. J. Mol, Frederick H. Buttel (ed.) *The Environmental State Under Pressure: Research in Social Problems and Public Policy"*, Emerald Group Publishing Limited, Vol. 10, 2002, p. 15.

伸的政绩选择。"政绩跑步机"的概念，不仅受到"生产跑步机"概念的启发，也同样受到周黎安"晋升锦标赛"概念的启迪。不过，与这两个概念相比，"政绩跑步机"的内涵更为丰富。

首先，"生产跑步机"主要从经济领域生产和消费的角度揭示资本主义社会中存在的环境问题发生机制。然而在中国，诸如环保这类社会问题难以脱离权力的语境，因此，单纯从经济的角度进行解释不尽全面，也会使理论显得单薄。而"政绩跑步机"则通过政绩激励这一权力机制运行的侧面来解释当前环境问题的发生机制。与此同时，"政绩跑步机"机制离不开政府自上而下地对"发展就是硬道理"的经济逻辑的推崇以及地方政府经济与产业发展的现状约束。

其次，"晋升锦标赛"的概念突出的是自上而下的压力传导机制，政府是压力型政府，会将上级的政绩压力向下层层分解。而"政绩跑步机"机制中既包含自上而下的压力传导，也包括地方政府自下而上自发追求政绩的冲动。"政绩跑步机"除了关注中央政府与地方政府之间的压力传导机制，也关注地方政府内部的压力传导机制。

最后，针对环境问题，"政绩跑步机"事实上涉及了多个行动者。传统理论在解释环境问题时往往囿于"中央—地方关系"框架，将环境问题的产生与恶化归因于一种缺乏优化的中央—地方关系，尤其认为责任往往出在地方政府的执行层面。"政绩跑步机"则将包括中央政府、地方政府在内的多个行动主体纳入理论框架，认为目前的环境问题是不同的组织与群体进行多方博弈后的结果。

总之，"政绩跑步机"概念将中央政府、地方政府、企业、NGO 和普通民众等多个行动主体纳入当前环境治理的机制。权力的运行离不开一定的经济环境与产业结构，同时环境问题的发生根源不能脱离"中央—地方"的权力结构语境。可以说，"政绩跑步机"机制揭示了当前中国社会的环境问题是"经济惯性"与"权力惯性"共同作用的结果。

三　"政绩跑步机"影响下的环境污染机制

如上所述，"政绩跑步机"的动力根源在于中央政府自上而下的考核机制与地方官员在政绩考核下升迁冲动的相互推动。中国政府的行为是"压力型体制"下的"政绩跑步机"机制。王汉生等提出了目标管理责任制，目标管理责任制是在当代国家正式权威体制的基础上创生出的一种实践性的制度形式。在实践中，目标管理责任制以构建目标体系和实施考评奖惩作为其运作的核心，它在权威体系内部以及国家与社会之间构建出一整套以"责任—利益连带"为主要特征的制度性联结关系。① 如何理解上级政府对下级政府的激励和控制？"控制权"理论认为，关注和解释政府各层级间诸种控制权的分配组合，将政府各级部门间的控制权概念化为目标设定权、检查验收权和激励分配权三个维度，为分析各类政府治理模式和行为方式提供了一个统一的理论框架。② 许多实证研究显示，上级政府运用目标责任制等治理机制，向下级下达任务，并配以控制和激励措施，确保下级官员完成上级交代的任务，而应对来自上级政府的考核检查也成为基层政府的重要工作内容。环境污染治理也是依靠自上而下的压力传导，地方政府是治理污染的主体。限于篇幅，在这里主要分析"政绩跑步机"机制中最为重要的地方政府的行为。

（一）地方政府需要应对政绩考核压力

政绩考核，对于地方政府而言，永远是悬在头上的"达摩克利斯之剑"。上级政府考核下级的指标名目繁多，而在"以经济建设为中心"的战略定位中，这些指标又主要"以经济总量和增长速度为核心"③。对于地方政府来说，只有实现经济增长，才能在与其他地方竞争中保持领先优势。④

在这种以 GDP 为核心的单维激励制度下，地方官员出于晋升的考虑，就会不惜以破坏环境、牺牲资源和过度消耗能源为代价，进而热衷于激励和支持本地企业，发展本地经济。现行的干部考核制度在对地方干部政绩的评价与考核时，过于强调与其管辖地区经济发展业绩直接挂

---

① 王汉生、王一鸽：《目标管理责任制：农村基层政权的实践逻辑》，《社会学研究》2009 年第 2 期。

② 周雪光、练宏：《中国政府的治理模式：一个"控制权"理论》，《社会学研究》2012 年第 5 期。

③ 张玉林：《政经一体化开发机制与中国农村的环境冲突》，《探索与争鸣》2006 年第 5 期。

④ 冉冉：《"压力型体制"下的政治激励与地方环境治理》，《经济社会体制比较》2013 年第 3 期。

钩，尤其强化了这种"短期和本位利益"①。

虽然地方环境质量好坏是考核地方政府官员政绩的一个方面，但实际上，经济增长所带来的利益比环境质量改善所带来的利益要更直接、更明显。因为环境质量的改善往往不是一朝一夕就能解决的问题，其效果通常需要一个较长时期才能显示出来，而地方政府官员的任期却是相对较短的。在这种情况下，追求短期的经济利益而忽视长期的环境利益，无疑是地方政府官员的一种理性选择。在以实现经济目标为主导的压力型考核体制下，地方政府官员之间的环境责任考核制在一定程度上就容易流于形式。② 在某种程度上，那些重视经济发展、忽视环境保护的官员更容易受到体制的认可，从而更容易获得晋升。

近年来，只注重经济增长、不重视环境保护的地方政府行为，一定程度上得到了抑制。中国的许多省市将领导干部环保实绩考核情况与干部任用挂钩，将环保实绩考核作为干部选拔任用的重要依据。例如，2012 年北京市政府发布《关于贯彻落实国务院加强环境保护重点工作文件的意见》，明确提出：今后所有有关环境质量的指标，如污染物总量控制、PM 2.5 环境质量改善情况等，都将作为各级政府领导的考核指标，决定仕途升迁。③ 河北省原省长张庆伟表示，"钢铁、水泥、玻璃，新增一吨产能，党政同责，就地免职，必须执行"④。然而，地方政府重视经济增长以应对政绩考核的行为惯性，不是一朝一夕就能够彻底改变的。

（二）地方政府需要应对财税压力

除了应对政绩考核，巨大的财税压力也是促使地方政府过于看重经济增长、注重 GDP 指标的重要动力。分税制改革后，中央政府拿走了大部分财政收入，营业税改增值税后，地方政府的财政负担更加沉重。

---

① 孙伟增、罗党论、郑思齐、万广华：《环保考核地方官员晋升与环境治理》，《清华大学学报》（哲学社会科学版）2014 年第 4 期。

② 聂国卿：《我国转型时期环境治理的政府行为特征分析》，《经济学动态》2005 年第 1 期。

③ 孙伟增、罗党论、郑思齐、万广华：《环保考核地方官员晋升与环境治理》，《清华大学学报》（哲学社会科学版）2014 年第 4 期。

④ 冉冉：《地方环境治理中的非政治激励与政策执行》，《中国社会科学内部文稿》2015 年第 1 期。

地方财政出现了巨大缺口和压力。巨大的财政压力迫使地方政府致力于发展经济。地方政府对其所辖企业无论在经济发展层面还是社会稳定层面，都具有高度的依赖性。[1] 地方政府维持正常运转的费用往往更多地依赖于其所辖企业利税的上缴。由于地方政府与所辖企业在经济利益和社会责任方面捆在了一起，地方政府将不得不倾全力维护企业的发展，而对企业的环境损害行为却只能睁一只眼、闭一只眼。因此，即使下级地方政府的环境责任没有充分履行，上级地方政府也往往会"体谅"其难处而不予严格追究。[2]

地方政府得以维持和运行的财力支撑，乃至于政府工作人员本身的工资和福利状况，就主要来自工商企业所缴纳的税收。在这种情况下，政府必须着力培育企业和壮大企业，以扩大税源。基层政府也就在相当程度上演变为一种"企业型的政府"或者说"准企业"，在"增长"与"污染"的关系上，基层政府往往更加关注增长，而不是污染及其社会后果。[3] 地方政府的财政压力会影响到本地工业发展的模式和对污染的治理：财政压力越大，则越倾向于通过发展污染工业以获得税收收入。同时，财政压力越大，对排污企业征收的排污费就越低，以支持污染企业的发展。[4] 尤其是在某些地区，重化工等大型企业作为地方政府的纳税大户，在地方经济发展版图中具有举足轻重的作用，地方政府将其奉为圭臬。地方环保机构面对强势部门对其袒护也只能听之任之，难免渐趋"稻草人化"。地方政府必须考虑当地的经济发展问题，而发展经济所需的资源和地方财政收入有直接关联。[5] 地方政府只有完成经济指标后，上一级政府才会把财政收入完全下拨。政府三个方面的支出都需要政府优先完成上级政府的经济指标，获得税收返还。一是现在维稳压力

---

① 聂国卿：《我国转型时期环境治理的政府行为特征分析》，《经济学动态》2005 年第 1 期。

② 同上。

③ 张玉林：《政经一体化开发机制与中国农村的环境冲突》，《探索与争鸣》2006 年第 5 期。

④ 陈诗一、刘兰翠、寇宗来、张军主编：《美丽中国：从概念到行动》，科学出版社 2014 年版，第 197 页。

⑤ 孙伟增、罗党论、郑思齐、万广华：《环保考核地方官员晋升与环境治理》，《清华大学学报》（哲学社会科学版）2014 年第 4 期。

较大，各种社会矛盾频发，需要较大的财政支出；二是民生支出在刚性增长，教育、医疗、社会保障等方面标准的提升，需要政府加大财政投入；三是政府要创造一些有显示度的政绩，从而更好地为辖区居民服务，需要策划和实施一些经济发展项目，这个也需要财政资金的引导和启动。

（三）地方政府有自身的产业结构

中华人民共和国成立后，中国走了一条由投资需求带动的、以重工业为主的增长道路。20世纪80年代，增长战略有所调整，转向由消费需求带动的、以轻工业为主的增长方式。到90年代，增长战略又重新转向由投资需求带动的、以重工业为主的增长方式。重工业以能源和矿产品为主要原料。因此，进入重工业时代后，经济增长对能源和原材料的需求大为膨胀，从而推动了包括石油、煤炭、电力、冶金、建材、化工等初级加工部门生产的大幅度增长。这些产业的迅速增长大大加重了环境负荷[①]。

其实，现在各级政府的考核已经在淡化 GDP。上海已经取消 GDP 考核指标，各省市地方政府也纷纷调低经济指标，而把考核指标集中到优化产业结构上，致力于生态文明建设与环境保护。比如，以南京为例，近年来，南京出台了一系列环境治理的举措，但是环境质量依然没有得到显著改善，这与南京的产业结构有很大的关系。数据显示，电子、石化、钢铁和汽车等传统产业依旧是南京工业的主要贡献者。2015年，南京规模以上工业总产值达 13065.80 亿元，其中重工业总产值达 10144.20 亿元，占比高达 78%。[②] 作为全国著名的石化和钢铁基地，南京具有重工业发达、重化工业占比高、煤炭消费量高、排放强度高等特征。目前，石化、钢铁等传统产业占工业总量的比重依然较大，在推动转型升级、加快结构调整、推进节能减排的过程中，依然面临着不少难题。[③] 但是地方政府的税收收入依然严重依赖于其产业结构。"南京是

---

① 洪大用：《社会变迁与环境问题》，首都师范大学出版社 2001 年版，第 97 页。

② 姚建莉：《长三角规划宁杭城市等级之辩：杭州真的不如南京吗？》（http://news.sina.com.cn/c/nd/2016-06-17/doc-ifxtfrrc3773768.shtml）。

③ 中共南京市委研究室、南京市环保局联合调研组：《宁杭生态环境建设比较分析和启示》，《南京调研》（〔2016〕17 号）。

1%的企业完成90%的税收，其中，金陵、扬子石化、烟厂完成了25%以上的税收。"①

南京是中国的一个缩影，国内其他大部分城市也存在和南京类似的产业结构，显示中国作为"世界工厂"角色的现实。传统制造业本身也存在其特有的价值，比如美国特朗普政府上台后，正在全力推动制造业回归美国的战略。如果强力推动产业转型，就会陷入传统制造业消亡，战略性新兴产业和现代服务业还未迅速发展起来，或者还没有能力担负经济增长重任的产业空心化时期。地方政府也存在产业空心化的担忧，特别是以化工、钢铁等为主导产业的城市。为了防止强力关停后带来的经济断崖式下滑以及社会的不稳定，政府往往会经过一个较长的渐进转型过程，才能实现产业的"腾笼换鸟"和转型升级。

四　新的发展趋向

学界从地方政府外部动力与压力的角度，分别提出了一系列有关地方政府行为的分析概念，如"压力型体制""晋升锦标赛""行政发包制""逆向软预算约束""上下级之间的共谋"等②。在仕途的晋升激励研究方面，较有影响的分析是周黎安等人所提出的"晋升锦标赛"机制。在他看来，"晋升锦标赛"机制构成了地方政府主要官员行为的激励机制。③ 周雪光则认为，在"官吏分流"的中国官僚组织体系中，晋升激励仅仅对主要负责人起作用，大多数基层官员的日常工作并不是来自锦标赛的激励，主要受到的是其他政府逻辑和内部过程的影响。④ 简而言之，"晋升锦标赛"对于一般基层官员所发挥的激励效应比较有限。

---

① 中共南京市委党校编写组：《"认真践行五大发展理念　加快建设'强富美高'新南京"市管正职领导干部专题研讨班学习成果汇编（一）》，2016年4月，第337页。

② 荣敬本等：《从压力型体制向民主合作体制的转变》，中央编译出版社1998年版，第28页；周黎安：《中国地方官员的晋升锦标赛模式研究》，《经济研究》2007年第7期；周黎安：《行政发包制》，《社会》2014年第6期；周雪光：《中国国家治理的制度逻辑：一个组织学研究》，生活·读书·新知三联书店2017年版，第196、270页。

③ 周黎安：《中国地方官员的晋升锦标赛模式研究》，《经济研究》2007年第7期。

④ 周雪光：《从"官吏分途"到"层级分流"：帝国逻辑下的中国官僚人事制度》，《社会》2016年第1期。

　　周黎安后来又提出"行政发包制"的概念，指出中国政府的上下级之间，在政权分配、经济激励、内部控制三个维度上呈现相互配合和内在一致的特征，以此重新解释了中国政府运行的特征。[①] 其《行政发包的组织边界：兼论"官吏分流"与"层级分流"现象》一文重新梳理了"行政发包"制理论中"行政"与"发包"的关系，将政治晋升机制正式引入"行政发包"关系，定义了行政内部发包与行政外部发包的组织边界，进一步完善了"行政发包制"的理论，使其成为解释上级激励下级的非常有说服力的概念。[②] 但是上述解释偏重于考察上下级政府之间的关系及其衍生出来的考核应对机制，而没有从地方政府的视角来考察其自身的行为逻辑。而"政绩跑步机"则对地方政府面对环境问题久治不愈的行为进行了详细阐释。同时，"政绩跑步机"除了考虑中央和地方政府外，还考虑到了企业、NGO 和普通民众等多个行动主体及其他的行为选择。

　　目前，"政绩跑步机"机制对地方政府的环境治理仍然产生着内在影响。当然，我们也应该看到，国家已经在调整政绩考核的方式和比重，并开始强化环境问责。在经济发达地区，也纷纷出台更加突出生态文明建设的新的考核机制。比如，江苏省于 2016 年 3 月出台了《江苏省党政领导干部生态环境损害责任追究实施细则》，强调在追究地方党委、政府主要领导成员责任的同时，还要依据职责分工和履职情况，对其他有关领导成员及相关工作部门领导成员的相应责任进行追究。[③] 关于政绩考核中的新变化及其对环境治理的影响，我们将在后续研究中进一步探讨。

---

① 周黎安：《行政发包制》，《社会》2014 年第 6 期。
② 周黎安：《行政发包的组织边界：兼论"官吏分途"与"层级分流"现象》，《社会》2016 年第 1 期。
③ 中共南京市委研究室、南京市环保局联合调研组：《宁杭生态环境建设比较分析和启示》，《南京调研》（〔2016〕17 号）。

第三节　推进苏南工业园区生态转型的对策

"十二五"期间，苏南地区立足科学发展，着力自主创新，完善体制机制，促进社会和谐，以产业转型升级和提升产业竞争力为主线，坚定不移地走全面、协调、可持续发展之路。"十三五"期间，苏南工业园区必须把转变经济发展方式，实现有效、平稳的生态转型作为经济工作的重中之重，在保持经济社会平稳发展的同时，坚定地依靠创新实现发展。要充分利用苏南自主创新示范区这一平台，发挥科教资源和人才优势，增强自主创新能力，通过科技进步升级传统产业的技术水平，并培育新的经济增长点。注重发展生态经济、循环经济，以低碳环保为尺度，通过集群发展实现产业布局的转变和完善。根据苏南工业结构特点和产业基础、资源状况，重点做好以下几点。

一　科学规划

科学规划，在苏南自主创新示范区的框架下，多渠道、系统化推进生态园区建设。生态工业园区的基本要求是要有一定的技术含量，高新技术产业用地比重应占工业园的 30%以上[1]，同时要有一定的支持系统，以维持工业园区生态系统的平衡。绿地覆盖率达到 50%，居民人均绿地面积达 90 平方米，居住区内人均绿地面积为 28 平方米。[2] 绿地系统还应具有防护功能、调节功能、美化功能、休闲功能、生产功能，要营造宜居宜业的生态人文环境。因此，苏南工业园区的生态转型，必须要有一个总体的规划。工业化在推动了经济和社会发展的同时，也带来了一些社会问题。随着我们对工业化的反思不断深入，相应的发展对策也做了调整，工业发展不能再走传统产业模式的老路，必须用全新的理念去思考，去规划产业，必须根据自身的资源禀赋和在区域格局中的

---

[1]　参见《国家生态工业示范园区标准》，环境保护部 2015 年 12 月 24 日发布，2016 年 1 月 1 日实施。

[2]　根据联合国有关组织的标准，参见 http://www.baike.com/wiki/生态工业园。

战略定位进行产业转型，走可持续发展之路。在苏南自主创新示范区的框架下，一是合理配置苏南工业园区之间的功能，避免资源浪费和结构冲突，构建功能协调的苏南工业园区体系。二是在工业园区内合理规划交通线路。三是推广建筑节能，在园区建设中推广新型建筑材料，建设节能环保、低污染型建筑。四是推进园区绿化工程建设，营造园区森林，拓展绿化空间，提高园区碳汇能力。

二　创新体系

创新体系，以构建有效激励机制为核心，吸引创新要素汇聚苏南。重视制度建设，深化科技创新的体制机制改革。一是推进创新激励的制度建设，从创新环境营造、创新主体激励、创新资源整合、创新投入保障等方面，构建科技创新制度体系。二是加快科技创新管理体制改革。改革科技投融资方式，吸引和聚集社会资金投入科技产业；保护知识产权，正确引导科学技术工作健康发展。三是构建高层次创新人才高地。加强创新人才的培养和引进，通过优化政策环境，加强创新基地建设，建立科学的人才评价与激励体系，充分发挥人才在创新活动中的活力和作用。四是继续组织好高等院校、科研院所的创新活动，明确科技创新和产业扶持导向。

三　技术驱动

技术驱动，建立绿色工业园区与改造升级传统工业园区同步推进。从当前苏南工业园区的发展阶段和进程看，"中高碳"型工业在相当长的一段时期内仍将占据主力位置，彻底放弃制造业并不现实，因此，低碳技术是苏南工业园区生态转型的核心环节。推进节能技术开发与应用，改变目前以煤炭为主的能源利用结构，通过技术研发与创新减少碳排放。由于采用新技术会增加企业经营成本，因此要有相关的政策配套，以提高企业进行技术升级的积极性。欧洲在低碳技术上已经先行一步，可以通过与之合作的方式获得技术转让，争取尽快掌握先进的低碳技术，并申请自己的知识产权。在不能完全实现产业替代的情况下，我们同样可以通过技术创新，建立绿色工业园区。广义上，任何能够降低碳排放、环境友好的技术或产业都属于广义上的低碳产业概念。在传统的工业园区同样可以发展低碳产业，如太阳能光伏发电、垃圾（焚烧/填埋气）发电、生物质发电等；通过新能源在传统工业上的应用技术、废弃物资源化技术、建筑节能技术、优化生产流程的管理技术等改造传统工业使之低碳化；在传统工业园区内强化材料生产、加工、使用、废弃、循环使用或处置等全生命周期的低碳化。

四　政府扶持

政府扶持，综合运用各种政策工具推进工业园区绿色发展。欧美传统工业区转型的经验说明，要实现传统工业基地生态转型，需要政府的大力扶持。在传统工业园区改造过程中，政府起着主导作用，要给予传统工业区相关的财政、税收及金融优惠政策，多种渠道解决就业问题。为此，在苏南工业园区的生态转型过程中，可借鉴欧美经验，加快政府职能转变，综合运用价格和税收手段，制定区域金融政策，实现经济的可持续发展。同时，抓好基础设施建设。近几年来，苏南工业园区基础设施建设得到全面发展，面貌有了很大改观，在促进经济、社会发展等方面取得了明显成效。下一步要加强新型能源利用工程、城市园林绿化及生态小区建设，以进一步提升工业园区的生态文明水平。

五　企业参与

企业参与，通过重构生产流程，增强生产绿色化背景下的整体竞争力。蕴藏于地壳深处的已探明可用传统高碳能源正在快速耗竭，人类对自己未来的责任感，促使众多企业和机构致力于新能源的开发。苏南工业园区要大力推行以"减量化、再利用和资源化"为核心原则的循环经济发展方式及其实践，尽量避免物品过早成为垃圾，将废弃物和副产品再次变成资源以减少处理数量和保护环境。通过重构生产流程，推行"资源—产品—废弃物—再生资源"的闭环反馈式生产流程，在不同企业间实现充分的资源共享。例如，发电企业产生的余热可以为化工企业所利用，化工企业产生的废气可以回收再利用，而不是直接烧掉。

六　集约用能

集约用能，在生产全过程控制和产品生命周期全过程控制"两个全过程控制"中实现减量化和再利用。污染是可预防的，在可能的最大限度内减少生产厂地所产生的废物量，包括再生利用、减少流入或释放到环境中的有害物质、提高能源效率、改进工艺等。工业园区要走低碳发展之路，必须注意两个"全过程控制"：一是生产全过程控制，主要是节约原材料与能源，尽量不用有毒原材料并在生产过程中减少它们的数量和毒性；二是产品生命周期全过程控制，从原材料的获取到产品最终处置的过程中，进行产品生命周期全过程控制，尽可能将对环境的影响减少到最低。客观地说，要使新能源成为主要能源还需要一些时间。当下应重点考虑的是，通过技术革新提高传统工业园的能效利用，减少排放量，如煤的清洁高效利用、二氧化碳捕获与埋存等技术。国内外单位GDP能耗差距较大的重要原因在于，企业的生产规模和技术水平相差比较大。对于那些规模较小的小型高能耗企业，可通过政策引导使它们经重组、兼并后达到规模化程度，可对减少能源消耗和碳排放起到积极的效果。

七　森林碳汇

森林碳汇，在营造宜人环境的同时做到减碳固碳。与新兴产业相比，传统工业的碳排放量不可避免地要大些。在我们还无法放弃传统工业的背景下，可通过增加森林碳汇的方式，将排出的碳捕捉回一部分。所谓碳汇，主要是指森林吸收并储存二氧化碳的多少或能力，树木通过光合作用吸收大气中的二氧化碳，减缓温室效应。据估算，每增加1%的森林覆盖率，就可从大气中吸收固定0.612亿—7.1亿吨碳。因此，传统工业园区更应加大植树造林力度，提高森林覆盖率。建立绿色工业园区，一是指生产过程的绿色，二是指环境的优美宜人。伦敦的未来森林公司于1997年提出"碳中和"的概念，通过植树造林（增加碳汇）、二氧化碳捕捉和埋存等方法，把二氧化碳排放量吸收掉。除了对产业本身的改造升级外，还应加大植树造林力度，增加森林覆盖率。

八　宣传教育

宣传教育，从理念上引导人们的行为以实现制度地更好执行。传统工业园区的生态转型不仅在于产业、设备的转型，更在于环境和人的观

念的转型。再节能的设备也不如"随手关灯"的习惯有效，再严格的
制度也不如植根内心深处的自觉管用。只有从政府、企业到每一个员
工，都形成了践行绿色发展理念的行为自觉，工业园区的生态转型才能
真正实现。企业生产用能无法在短期内采用新能源，但企业的办公用
能、生活用能则可以率先通过良好的生活工作用电习惯来实现低碳化。
鼓励区内企业的办公场所尽量使用太阳能，办公场所要采用低碳化设
计，使用低碳设备等。良好的宣传活动，可以在实际工作中产生较好的
效果。例如，可在工业园区内进行发展生态工业的相关介绍，鼓励实现
绿色招商，严格执行环境影响评价制度，形成园区绿色门槛。加强环境
综合整治，提升区域环境质量，投入资金对核心地段进行改造，美化工
业园区环境景观，形成点、线、面相结合的立体绿化格局。提出各时间
节点的节能降耗指标，安排企业作为园区循环经济试点。与重点企业签
订《环境保护目标责任书》，设立环保专项资金，开展多种形式的环保
宣传等。

　　传统工业园区的低碳化，在于从经济发展上通过以产业结构生态重
组，创建一种由全新的生产方式支撑的经济体系与发展模式，推进传统
产业在新型工业化道路上发展。面对低碳经济浪潮，传统工业园区受到
了一定的冲击。当前，必须从工业园区的实际出发，站在区域发展战略
的高度，积极制定完善相关制度措施，大力推行循环经济发展模式，走
新型工业化道路，实施清洁生产，建立生态工业园区，完善基础设施建
设，推动对传统工业区的改造，走经济良性发展之路，实现对传统经济
增长方式的根本性变革，推进园区经济可持续发展。当然，在工业园区
生态转型的过程中，各产业园区应根据自身特点，合理选择转型路径，
而不是用统一的模式到处复制。

参考文献

安同信、范跃进、刘祥霞：《日本战后产业政策促进产业转型升级的经验及启示研究》，《东岳论丛》2014年第10期。

巴里·康芒纳：《封闭的循环：自然、人与技术》，侯文蕙译，吉林人民出版社1997年版。

白福臣：《德国鲁尔区经济持续发展及老工业基地改造的经验》，《经济师》2006年第8期。

包雅钧等：《地方治理指南——怎样建设一个好政府》，法律出版社2013年版。

毕军：《环境治理模式：生态文明建设的核心》，《新华日报》2014年6月24日。

曹立：《中国经济新常态》，新华出版社2014年版。

陈阿江、程鹏立、罗亚娟：《"癌症村"调查》，中国社会科学出版社2013年版。

陈阿江：《次生焦虑——太湖流域水污染的社会解读》，中国社会科学出版社2010年版。

陈阿江：《文本规范和实践规范的分离——太湖流域工业污染的一个解释框架》，《学海》2008年第4期。

陈飞、陆伟、李健：《日本京滨临海工业区建设发展实践及启示》，《国际城市规划》2014年第4期。

陈浩：《生态工业园中的生态产业链结构模型研究》，《中国软科学》2003年第10期。

陈吉宁：《以改善环境质量为核心　全力打好补齐环保短板攻坚战——

在 2016 年全国环境保护工作会议上的讲话》，2016 年。

陈诗一、刘兰翠、寇宗来、张军主编：《美丽中国：从概念到行动》，科学出版社 2014 年版。

陈寿朋：《浅析生态文明的基本内涵》，《人民日报》2008 年 1 月 8 日。

陈涛、左茜：《"稻草人化"与"去稻草人化"——中国地方环保部门的角色式微及其矫正策略》，《中州学刊》2010 年第 4 期。

陈涛：《1978 年以来县域经济发展与环境变迁》，《广西民族大学学报》（哲学社会科学版）2009 年第 4 期。

陈涛：《产业转型的社会逻辑——大公圩河蟹产业发展的社会学阐释》，社会科学文献出版社 2014 年版。

陈涛：《美国环境社会学最新研究进展》，《河海大学学报》（哲学社会科学版）2011 年第 4 期。

陈雯、Dietrich Soyez、左文芳：《工业绿色化：工业环境地理学研究动向》，《地理研究》2003 年第 9 期。

陈亚华、黄少华、刘胜环、王桂萍、丁锋、邵志成、沈振国：《南京地区农田土壤和蔬菜重金属污染状况研究》，《长江流域资源与环境》2006 年第 3 期。

春雨：《跨入生态文明新时代：关于生态文明建设若干问题的探讨》，《光明日报》2008 年 7 月 17 日。

戴六华、张璐：《"新常态"下的南京作为》，《南京日报》2014 年 12 月 12 日 A1 版。

道格拉斯·诺思：《制度、制度变迁与经济绩效》，刘守英译，上海三联书店 1994 年版。

德内拉·梅多斯、乔根·兰德斯、丹尼斯·梅多斯：《增长的极限》，李涛、王智勇译，机械工业出版社 2013 年版。

邓明、钱争鸣：《能源消费、污染物排放与中国经济增长——基于有向无环图的动态关系研究》，《山西财经大学学报》2010 年第 11 期。

邓维：《"一枝独秀"有啥秘诀？——探寻苏州工业园区的生态精髓》，《中国环境报》2013 年 10 月 22 日第 5 版。

邓伟根：《20 世纪的中国产业转型：经验与理论思考》，《学术研究》2006 年第 8 期。

蒂姆·杰克逊:《无增长的繁荣》,乔坤、方俊青译,中国商业出版社
　2011年版。

董华:《产业生态园发展必须关注的六大问题》,《工业技术经济》2009
　年第2期。

董立延、李娜:《日本发展生态工业园区模式与经验》,《现代日本经
　济》2009年第6期。

樊良树:《环境维权:中国社会管理的新兴挑战及展望》,《国家行政学
　院学报》2013年第6期。

范圣楠、李莉、闫艳、高杰:《江苏推进企业环境行为评价》,《中国环
　境报》2011年11月11日第5版。

费孝通:《行行重行行——乡镇发展论述》,宁夏人民出版社1992年版。

费孝通:《及早重视小城镇的环境污染问题》,《水土保持通报》1984年
　第2期。

费孝通:《小城镇大问题》,江苏人民出版社1984年版。

傅先庆:《略论"生态文明"的理论内涵与实践方向》,《福建论坛》
　(经济社会版)1997年第12期。

高国荣:《美国现代环保运动的兴起及其影响》,《南京大学学报》(哲
　学·人文科学·社会科学版)2006年第4期。

高冉晖:《"新常态"下苏南国家自主创新示范区建设研究》,《科技进
　步与对策》2015年第16期。

高相铎、李诚固:《美国五大湖工业区产业结构演变的城市化响应机理
　辨析》,《世界地理研究》2006年第1期。

高扬、曹文斌:《中国佛教生态伦理的思想基础》,《中国宗教》2011年
　第11期。

葛竞天:《从德国鲁尔工业区的经验看东北老工业区的改革》,《财经问
　题研究》2005年第1期。

龚雅倩:《论经济欠发达地区招商引资的误区》,《湖南行政学院学报》
　2009年第6期。

郭永辉:《生态工业园治理模式决策分析》,《郑州航空工业管理学院学
　报》2015年第4期。

杭春燕:《环保执法,把"狼牙棒"挥起来》,《新华日报》2015年3

月 3 日 9 版。

何爱平、石莹：《我国城市雾霾天气治理中的生态文明建设路径》，《西
　　北大学学报（哲学社会科学版）》2014 年第 2 期。

何传启：《要现代化，也要生态现代化》，《光明日报》2007 年 2 月
　　26 日。

赫尔曼·卡恩、威廉·布朗·马尔特：《今后二百年：美国和世界的一
　　幅远景》，上海市编译工作委员会译，上海译文出版社 1980 年版。

洪大用、马国栋：《生态现代化与文明转型》，中国人民大学出版社
　　2014 年版。

洪大用：《经济增长、环境保护与生态现代化——以环境社会学为视
　　角》，《中国社会科学》2012 年第 9 期。

洪大用：《社会变迁与环境问题》，首都师范大学出版社 2001 年版。

洪银兴：《苏南模式的演进及其对创新发展模式的启示》，《南京大学学
　　报》（哲学·人文科学·社会科学版）2007 年第 2 期。

黄爱宝：《生态文明与政治文明协调发展的理论意蕴与历史必然》，《探
　　索》2006 年第 1 期。

黄承梁：《生态文明简明知识读本》，中国环境科学出版社 2010 年版。

黄建洪：《生态型区域治理的现代性与后现代性张力》，《社会科学》
　　2010 年第 4 期。

黄群慧：《"新常态"、工业化后期与工业增长新动力》，《中国工业经
　　济》2014 年第 10 期。

黄阳华：《德国"工业 4.0"计划及其对我国产业创新的启示》，《经济
　　社会体制比较》2015 年第 2 期。

黄志红、任国良：《基于生态文明的我国产业结构优化研究》，《河海大
　　学学报》（哲学社会科学版）2014 年第 12 期。

霍朗：《坦承"苏南模式"破坏环境——无锡五年规划"痛定思痛"》，
　　《第一财经日报》2006 年 9 月 18 日 A4 版。

姬振海：《生态文明论》，人民出版社 2007 年版。

吉林省委财经办课题组：《从美国"锈带复兴"看东北老工业基地振
　　兴》，《经济纵横》2005 年第 7 期。

江苏省人民政府研究室：《适应新常态　增创新优势：2014 年江苏省政

府决策咨询研究重点课题成果汇编》，2015 年。

江西省社会科学院课题组：《江西建设全国生态文明示范省研究》，《鄱
　　阳湖学刊》2013 年第 6 期。

姜琳：《产业转型环境研究》，博士学位论文，大连理工大学，2002 年。

姜亦华：《苏南土壤污染治理的多重供给》，《唯实》2016 年第 10 期。

兰明慧、廖福霖：《生态文明研究综述》，《绿色科技》2012 年第 12 期。

蕾切尔·卡森：《寂静的春天》，吕瑞兰、李长生译，上海译文出版社
　　2007 年版。

李建华、蔡尚伟：《"美丽中国"的科学内涵及其战略意义》，《四川大
　　学学报》（哲学社会科学版）2013 年第 5 期。

李君如：《科学发展观概论》，中央文献出版社 2007 年版。

李克强：《全面建成小康社会新的目标要求》，《人民日报》2015 年 11
　　月 6 日 03 版。

李蕾蕾：《逆工业化与工业遗产旅游开发：德国鲁尔区的实践过程与开
　　发模式》，《世界地理研究》2002 年第 9 期。

李莉、闫艳、高杰：《双手何以敌四拳？苏南环保督查中心借环保督政
　　破解监管难题》，《中国环境报》2012 年 2 月 10 日 03 版。

李琳琦：《徽商与明清徽州教育》，湖北教育出版社 2003 年版。

李平星、陈雯、高金龙：《江苏省生态文明建设水平指标体系构建与评
　　估》，《生态学杂志》2015 年第 1 期。

李润文、李敏：《南京"7·28 爆炸"：居民区包围化工厂的隐患》，
　　《中国青年报》2010 年 8 月 3 日。

李绍东：《论生态意识与生态文明》，《西南民族大学学报》（哲学社会
　　科学版）1990 年第 2 期。

李校利：《生态文明研究新进展》，《重庆社会科学》2010 年第 3 期。

李萱、沈晓悦：《我国地方环保垂直管理体制改革的经验与启示》，《环
　　境保护》2011 年第 21 期。

李苑：《江苏环境执法稳准狠》，《中国环境报》2015 年 3 月 18 日
　　05 版。

廖启林、华明、金洋、黄顺生、朱伯万、翁志华、潘永敏：《江苏省土
　　壤重金属分布特征与污染源初步研究》，《中国地质》2009 年第 5 期。

林健、吴妍妍：《日本生态工业园探析——以北九州生态工业园区为例》，《华东森林经理》2008 年第 1 期。

林卡、易龙飞：《参与与赋权：环境治理的地方创新》，《探索与争鸣》2014 年第 11 期。

刘伯英、陈挥：《走在生态复兴的前沿——德国鲁尔工业区的生态措施》，《城市环境设计》2005 年第 5 期。

刘璐：《基于生态文明的中国生态工业园区建设研究》，《当代经济》2015 年第 1 期。

刘湘溶：《建设生态文明，促进人与自然和谐共生》，《光明日报》2008 年 4 月 15 日。

刘湘溶：《生态文明论》，湖南教育出版社 1999 年版。

刘志彪：《提升生产率：新常态下经济转型升级的目标与关键措施》，《审计与经济研究》2015 年第 4 期。

刘宗超：《生态文明与中国可持续发展走向》，中国科学技术出版社 1997 年版。

卢艳玲：《生态文明建构的当代视野：从技术理性到生态理性》，博士学位论文，中共中央党校，2010 年。

陆敏、赵湘莲：《经济增长、能源消费与二氧化碳排放的关联分析》，《统计与决策》2012 年第 2 期。

罗斯托：《经济增长的阶段——非共产党宣言》，郭熙保、王松茂译，中国社会科学出版社 2011 年版。

吕忠梅：《环境法的新视野》，中国政法大学出版社 2007 年版。

马丁·耶内克、克劳斯·雅各布：《环境政治学译丛·全球视野下的环境管治：生态与政治现代化的新方法》，李慧明、李昕蕾译，山东大学出版社 2012 年版。

《马克思恩格斯全集》第 46 卷（上），人民出版社 1979 年版。

《马克思恩格斯选集》（第 2 卷），人民出版社 1995 年版。

毛明芳：《生态文明的内涵特征与地位》，《中国浦东干部学院学报》2010 年第 5 期。

毛寿龙、骆苗：《国家主义抑或区域主义：区域环保督查中心的职能定位与改革方向》，《天津行政学院学报》2014 年第 2 期。

孟赤兵：《发展循环经济是建设生态文明的必然选择》，《再生资源与循环经济》2008 年第 4 期。

聂国卿：《我国转型时期环境治理的政府行为特征分析》，《经济学动态》2005 年第 1 期。

潘伟志：《中心城市产业转型初探》，《兰州学刊》2004 年第 5 期。

齐奥尔格·西美尔：《时尚的哲学》，费勇译，文化艺术出版社 2001 年版。

钱俊生：《怎样认识和理解建设生态文明》，《半月谈》2007 年第 21 期。

秦丽杰：《吉林省生态工业园建设模式研究》，博士学位论文，东北师范大学，2008 年。

冉冉：《"压力型体制"下的政治激励与地方环境治理》，《经济社会体制比较》2013 年第 3 期。

冉冉：《地方环境治理中的非政治激励与政策执行》，《中国社会科学内部文稿》2015 年第 1 期。

冉冉：《中国地方环境政治：政策与执行之间的距离》，中央编译出版社 2015 年版。

任华东、黄子惺：《从美国"锈带"复兴看东北老工业基地产业结构调整》，《城市》2008 年第 7 期。

任克强：《政绩跑步机：关于环境问题的一个解释框架》，《南京社会科学》2017 年第 6 期。

任勇：《践行科学发展推进生态文明》，《中国环境报》2007 年 10 月 30 日。

荣敬本等：《从压力型体制向民主合作体制的转变》，中央编译出版社 1998 年版。

申曙光：《生态文明及其理论与现实基础》，《北京大学学报》（哲学社会科学版）1994 年第 3 期。

沈玉梅：《清洁生产发展及应用前景》，《环境科学进展》1998 年第 2 期。

石芝玲、侯晓珉、包景岭、尹立峰：《清洁生产理论基础》，《城市环境与城市生态》2004 年第 3 期。

宋海鸥、高原：《域外生态工业园建设比较》，《企业经济》2011 年第

2 期。

宋海鸥：《美国生态环境保护机制及其启示》，《科技管理研究》2014 年
　第 14 期。

《苏南国家自主创新示范区发展规划纲要》（2015—2020 年），2015 年。

孙慧明：《迈向美丽中国的生态文明建设的现实路径》，《求是》2013 年
　第 9 期。

孙秋芬、任克强：《吴文化在苏南工业园区生态化转型中的功能分析》，
　《中国名城》2017 年第 6 期。

孙秋芬、任克强：《生态化转型：苏南模式新发展》，《哈尔滨工业大学
　学报》（社会科学版）2017 年第 5 期。

孙伟增、罗党论、郑思齐、万广华：《环保考核地方官员晋升与环境治
　理》，《清华大学学报》（哲学社会科学版）2014 年第 4 期。

孙志军、洪银兴：《以科学发展观统领全面小康社会建设》，南京大学
　出版社 2006 年版。

唐岳良、陆阳：《苏南的变革与发展》，中国经济出版社 2006 年版。

王汉生、王一鸽：《目标管理责任制：农村基层政权的实践逻辑》，《社
　会学研究》2009 年第 2 期。

王满荣：《关于生态文明观的理性思考》，《南京农业大学学报》（社会
　科学版）2006 年第 3 期。

王伟博、殷有敢：《基督教环境伦理及其生态回归》，《中国宗教》2006
　年第 1 期。

王卫平：《吴文化与江南社会研究》，群言出版社 2005 年版。

王学军、赵鹏高：《清洁生产概论》，中国检察出版社 2000 年版。

王艳：《环境约束下工业园区的产业生态化发展机制研究》，《辽宁经
　济》2016 年第 7 期。

王元月、马蒙蒙、张一平：《以技术创新实现我国资源型城市的产业转
　型》，《山东社会科学》2002 年第 2 期。

王长俊：《江苏文化史论》，南京师范大学出版社 1999 年版。

吴波：《集群企业迁移理论述评——兼对区域政府"腾笼换鸟"政策的
　反思》，《科学学研究》2011 年第 1 期。

吴春莺：《我国资源型城市产业转型研究》，博士学位论文，哈尔滨工

程大学，2006年。

吴奇修：《资源型城市产业转型研究》，《求索》2005年第6期。

吴新民、李恋卿、潘根兴、居玉芬、姜海洋：《南京市不同功能城区土壤中重金属Cu、Zn、Pb和Cd的污染特征》，《环境科学》2003年第3期。

吴兴智：《生态现代化理论与我国生态文明建设》，《学习时报》2010年8月19日。

夏光：《生态文明是一个重要的治国理念》，《中国环境报》2007年11月26日。

夏建中：《文化人类学理论流派——文化研究的历史》，中国人民大学出版社1997年版。

肖涛：《马克思主义政治经济学》，经济管理出版社1998年版。

谢良兵：《环保"扩权"的背后》，《中国新闻周刊》2008年第10期。

谢忠秋、陈晓雪、黄瑞玲：《江苏城市转型与产业转型协调发展研究》，《江苏社会科学》2013年第6期。

徐冬青：《江苏加快生态文明建设的难点问题及路径选择》，《市场周刊》（理论研究）2013年第6期。

徐峰、杜红亮、任洪波、王立学：《国外政府创新促进产业转型的经验与启示》，《科技管理研究》2010年第16期。

徐民华、王金水：《生态文明建设的实践创新——以江苏省为例》，《党政研究》2015年第3期。

徐宁：《苏南产业结构调整及其影响因素研究》，硕士学位论文，南京航空航天大学，2011年。

徐燕兰：《美国老工业区改造的经验及其启示》，《广西社会科学》2005年第6期。

许伯明：《吴文化概观》，南京师范大学出版社1997年版。

许芳：《工业生态园的生态机制及其策略研究生态经济与资源节约型社会建设》，中国生态经济学会学术年会论文集，2006年。

薛晓源、李惠斌：《生态文明研究前沿报告》，华东师范大学出版社2007年版。

闫艳、钱峻：《苏州集中公布十起环境违法典型案例》，《中国环境报》

2014 年 11 月 26 日 05 版。

严耕、杨志华：《生态文明的理论与系统建构》，中央编译出版社 2009 年版。

杨锦琦：《江西生态文明建设现状及对策研究》，《经贸实践》2015 年第 6 期。

杨余春：《吴文化的基本特点与当代价值》，《苏州大学学报》（哲学社会科学版）2008 年第 2 期。

姚晓艳：《高新区建设和关中经济带产业转型与空间重组》，博士学位论文，西北大学，2004 年。

尹勇、戴中华、蒋鹏、张华、陈莉娜：《南某焦化厂场地土壤和地下水特征污染物分布规律研究》，《农业环境科学学报》2012 年第 8 期。

于立、姜春海：《资源型城市产业转型应走"循序渐转"之路》，《决策咨询通讯》2005 年第 5 期。

余谋昌：《生态文化论》，河北教育出版社 2001 年版。

俞可平：《如何推进生态治理现代化》，《中国生态文明》2016 年第 3 期。

张炳：《江苏苏南地区环境库兹涅茨曲线实证研究》，《经济地理》2008 年第 3 期。

张俊杰、朱孔来、宋真伯：《论建设生态文明与走新型工业化道路和大力发展循环经济三者之间的关系》，《山东商业职业技术学院学报》2006 年第 8 期。

张米尔：《西部资源型城市的产业转型研究》，《中国软科学》2001 年第 8 期。

张明国：《技术哲学视阈中的生态文明》，《自然辩证法研究》2008 年第 10 期。

张玉林、顾金土：《环境污染背景下的"三农问题"》，《战略与管理》2003 年第 3 期。

张玉林：《政经一体化开发机制与中国农村的环境冲突》，《探索与争鸣》2006 年第 5 期。

张育红：《中国推行清洁生产的现状与对策研究》，《污染防治技术》2006 年第 3 期。

张月有、凌永辉、徐从才:《苏南模式演进、所有制结构变迁与产业结构高度化》,《经济学动态》2016 年第 6 期。

赵成:《生态文明的兴起及其对生态环境观的变革:对生态文明观的马克思主义分析》,博士学位论文,中国人民大学,2006 年。

赵建军:《"新常态"视域下的生态文明建设解读》,《中国党政干部论坛》2014 年第 12 期。

赵西三:《生态文明视角下我国的产业结构调整》,《生态经济》2010 年第 10 期。

赵小燕:《邻避冲突参与动机及其治理:基于三种人性假设的视角》,《武汉大学学报》(哲学社会科学版)2014 年第 2 期。

浙江省地方统计调查局课题组:《浙江省工业园区生态化发展状况研究》,《统计科学与实践》2012 年第 9 期。

黄文虎、王庆五:《"新苏南模式":科学发展观引领下的全面小康之路》,人民出版社 2005 年版。

中共南京市委党校编写组,《"认真践行五大发展理念　加快建设'强富美高'新南京"市管正职领导干部专题研讨班学习成果汇编(一)》,2016 年 4 月。

中共中央:《关于加快推进生态文明建设的意见》,2015 年。

中共中央文献研究室:《改革开放三十年重要文献选编》(下),中央文献出版社 2008 年版。

《中国生态工业园区建设模式与创新》编委会:《中国生态工业园区建设模式与创新》,中国环境出版社 2014 年版。

钟佳锴:《高新技术产业开发区向生态工业园转变研究——以杨凌示范区为例》,硕士学位论文,西北农林科技大学,2013 年。

钟茂初:《产业绿色化内涵及其发展误区的理论阐释》,《中国地质大学学报》(社会科学版)2015 年第 3 期。

钟晓青:《偷换概念的环境库兹涅茨曲线及其"先污染后治理"的误区》,《鄱阳湖学刊》2016 年第 2 期。

周黎安:《行政发包的组织边界:兼论"官吏分途"与"层级分流"现象》,《社会》2016 年第 1 期。

周黎安:《行政发包制》,《社会》2014 年第 6 期。

周黎安:《中国地方官员的晋升锦标赛模式研究》,《经济研究》2007 年第 7 期。

周生贤:《走和谐发展的生态文明之路》,《环境保护》2008 年第 1 期。

周欣:《江苏地域文化源流探析》,东南大学出版社 2012 年版。

周雪光、练宏:《中国政府的治理模式:一个"控制权"理论》,《社会学研究》2012 年第 5 期。

周雪光:《从"官吏分途"到"层级分流":帝国逻辑下的中国官僚人事制度》,《社会》2016 年第 1 期。

周毅、明君:《中国产业转型与经济增长的实证研究》,《学术研究》2006 年第 8 期。

朱芳芳:《中国生态现代化能力建设与生态治理转型》,《马克思主义与现实》2011 年第 3 期。

朱旭峰:《聚力创新　聚焦为民　为建设"强富美高"新园区而努力奋斗——在环科园 2016 年度党员冬训暨先进表彰大会上的讲话》,2017 年 1 月 19 日。

庄若江、蔡爱国、高侠:《吴文化内涵的现代解读》,中国文史出版社 2013 年版。

宗白华、林同华:《宗白华全集》(第二卷),安徽教育出版社 1994 年版。

Allan Schnaiberg, David N. Pellow, Adam Weinberg, *The Treadmill of Production and the Environmental State*, in Arthur P. J. Mol, Frederick H. Buttel (ed.) *The Environmental State Under Pressure: Research in Social Problems and Public Policy*, Emerald Group Publishing Limited, Vol. 10, 2002.

Arthur P. J. Mol, David A. Sonnenfeld and Gert Spaargaren (eds.), *The Ecological Modernisation Reader: Environmental Reform in Theory and Practice*, London: Routledge, 2009.

E. B. Vermeer, "Industrial Pollution in China and Remedial Policies", *The China Quarterly*, No. 156, 1998.

Frederick H. Buttel, "The Treadmill of Production: An Appreciation", *Assessment, and Agenda for Research*, Vol. 17, No. 3, 2004.

Funabashi, H. , "Minamata Disease and Environmental Governance", *International Journal of Japanese Sociology*, 2006.

G. Xia and Y. Zhao, "Economic Evaluation on the Losses from Environmental Degradation in China", *Management World*, No. 6, 1995.

G. M. Grossman and A. B. Krueger, "Environmental Impact of a North American Free Trade Agreement", *NBER Working Paper*, No. 3941, 1991.

Koon – kwai Wong and Hon S. Chan, "The Development of Environmental Management System in the People's Republic of China", China Review, 1994.

Nicholas Dynon, "Four Civilizations and the Evolution of Post – Mao Chinese Socialist Ideology", *The China Journal*, No. 60, 2008.

Schnaiberg and Gould, Treadmill Predispositions and Social Responses , in King and Mc Carthy (eds), *Environmental Sociology*: *From Analysis to Action*, Lanham: Rowman & Littlefield Publishers, 2009.

Terence Tsai and Jane Lu, "Environmental Management in Mainland China and Taiwan: Practice and Policy", *China Review*, 2000.

Timothy S. George:《水俣病：污染与战后日本的民主斗争》，清华大学公共管理学院水俣课题组译，中信出版社 2013 年版。

U. Simonis, "Ecological Modernzation of Industrial Society: Three Strategic Elements", *International Social Science Journal*, Vol. 41, No. 121, 1989.

后　记

　　本书是我主持的江苏省社科基金青年项目"苏南工业集聚区生态文明建设研究"（项目批准号：13SHC015）的最终成果。本书的写作得到了诸多专家、领导的关心和帮助。首先，感谢南京市社科院院长叶南客研究员，自从九年前进入南京社科院工作以来，就有机会跟随叶南客院长从事课题研究工作，他包容开放的为人特点、举重若轻的处世风格、敏锐谦逊的大师风范，令我受益匪浅。本书从课题的申请、研究到结题，再到书稿的出版，都得到了叶南客院长的关心、指导和帮助，其关于注重苏南工业园区与苏南现代化示范区关系的观点，已融入本书。其次，感谢我的博士生导师，南京大学社会学院成伯清教授。成老师洒脱的为人风范、低调的处世风格、深厚的专业功力、敏锐的学术眼光，一直是我虽不能至却心向往之的追求目标，书中对苏南文化的研究就受到成老师提出的要注重研究苏南生态人文观点的启发。再次，感谢我的硕士生导师，河海大学社会学系陈阿江教授。硕士毕业之后，承蒙陈老师不弃，每年全国社会学年会期间都会让我参与陈门博士弟子关于环境社会学的讨论。陈老师淡定的学术气质和耳目一新的学术眼光也让我受益匪浅。

　　本书在研究过程中，也得到了诸多领导和同事的关心。感谢南京市社科联（院）石奎副主席、张石平副主席的关心和指导，感谢科研处领导和同事在书稿出版中的督促、联络和协助，感谢社会发展所周蜀秦所长和所内诸位同事的帮助和支持，感谢南京社科联（院）领导和同事的关心和帮助。

　　感谢江北新区纪工委书记陈如研究员、《群众》杂志社副总编李程骅研究员、江苏省委宣传部许益军研究员、江苏省委研究室张道政博士、江苏省政府研究室金世斌研究员、江苏省社科院陈颐研究员、张卫研究员、丁宏研究员、江苏省社科联刘西忠主任、《新华日报》翟慎良主任、《人民日报》江苏分社王伟健主任、《哈尔滨工业大学学报（社会科学版）》王雅林主编、《中国名城》王凌宇副主编、《南京工业大学学报（社会科学版）》章诚副编审、《群众》苏胜利编辑、南京市委研究室金波处长、南京市政府研究室曹大贵博士、南京市委宣传部吴伟处长、南京市发改委殷京生博士、南京市政协单景舟处长、南京市环保局徐小怗处长、南京市商务局张海风主任、江北新区管委会周庆刚副研究员、南京经济技术开发区卢咏歌局长、南京高新技术产业开发区董朝岚主任、华夏幸福郝绍文经理、中国宜兴环保科技工业园张云部长、常州市委党校陈华东博士、苏州科技大学王春、国家统计局江苏调查总队许金晶等领导和专家在本书调研、资料收集和成果转化方面提供的帮助。

　　感谢南京大学黄贤金教授、张玉林教授，中央民族大学包智明教授，他们都是环境研究领域的大家。他们的关注，让我备受鼓舞。感谢河海大学陈涛副教授和南京理工大学罗朝明博士，与陈涛师弟的经常讨论不但完善了本书的框架，也不断丰富我的环境社会学知识。朝明师弟深厚的理论素养对本书的完成带来了很多启发。感谢南京农业大学唐学玉副教授、南京信息工程大学李志强博士、江苏省社科院副研究员鲍磊师兄对本书的批评和建议。感谢江苏省哲学社会科学规划办公室领导在课题研究与结题方面提供的指导和帮助。感谢中国社会科学出版社重大项目中心主任王茵博士、孙萍编辑为本书的出版付出的心血。

　　本书的具体分工如下，第一章任克强，第二章郑楷、任克强，第三章左茜，第四章王辉龙，第五章孙秋芬、任克强，第六章任克强。感谢江苏省广播电视总台郑楷、江苏省科学技术发展战略研究院左茜、南京市委党校经济学教研部王辉龙、南京大学政府管理学院孙秋芬，没有他们的参与、协助和奉献，本书不可能如期完成。

　　本书的阶段性成果已在《南京社会科学》《哈尔滨工业大学学

报（社会科学版）》《中国名城》《新华日报》《群众》等报刊发表，在此一并表示感谢。因为能力和水平所限，书中还存在诸多不足之处，请各位方家批评指正！

任克强

2017 年 7 月于南京